新疆常见矿物岩石的识别与鉴赏

蔡万玲 编著

科学出版社

北京

内 容 简 介

本书共八章，包括绪论、矿物学、岩石学、岩浆岩、沉积岩、变质岩、岩石的鉴别、宝石和玉石及常见的奇石等，以石头文化为主线，较全面、深入阐述岩石的概念及三大类岩石、矿物和岩石的概念及关系、矿物的鉴别方法、岩石的分类及识别、岩石及标本制作，介绍奇石的分类和鉴赏。书中将专业性强的岩石知识与新疆本土特色的宝、玉石鉴赏相结合，将科学课程的必修内容与石头文化相结合，以新疆矿产资源为基础，从身边岩石入手选取典型实例；本书对矿物和岩石既有言简意赅的文字描述，也有显微镜下的照片对比，还有实物标本的参照，反映了本领域的最新研究成果。

本书可作为高等院校科学教育有关专业的教材或参考书，可为从事中小学科学教学和研究工作的教师提供参考，也适于广大岩石、玉石爱好及收藏者阅读。

图书在版编目（CIP）数据

新疆常见矿物岩石的识别与鉴赏/蔡万玲编著. —北京：科学出版社，2016.8

ISBN 978－7－03－049449－8

Ⅰ.①新… Ⅱ.①蔡… Ⅲ.①矿物－识别－新疆 ②矿物－鉴赏－新疆 ③岩石－识别－新疆 ④岩石－鉴赏－新疆 Ⅳ.①P57②P583

中国版本图书馆 CIP 数据核字（2016）第 176776 号

责任编辑：杨　岭　郑述方　　　责任校对：韩雨舟
责任印制：余少力　　　　　　　封面设计：墨创文化

科 学 出 版 社 出版

北京东黄城根北街 16 号
邮政编码：100717
http://www.sciencep.com

成都锦瑞印刷有限责任公司印刷
科学出版社发行　各地新华书店经销

*

2016 年 8 月第 一 版　开本：A5（890×1240）
2016 年 8 月第一次印刷　印张：3 1/8
字数：100 千字

定价：33.00 元
（如有印装质量问题，我社负责调换）

伟晶岩（含石英 云母）

伟晶岩

针铁矿

绿柱石

绿电气石

刚玉

硅质岩

硅质岩的切片显微镜照片

凝灰岩（晶屑）　　　　　　　　　　　凝灰岩的切片显微镜照

片麻花岗岩　　　　　　　　　　　　花岗岩的切片显微镜照

云母片岩

和田碧玉

玉石仔料

和田仔玉

蛇纹石玉

欧泊(蛋白石)

海蓝碧玺

奇石（图案类）

宝玉石艺术品

青花仔玉（白菜）

三叶虫（化石）

羊脂玉观音

黄玉（玉佩）

糖玉（貔貅）摆件

《新疆常见矿物岩石的识别与鉴赏》编委会成员

序

　　新疆地域广阔、地层齐全、构造复杂，组成新疆大地的矿物、岩石种类繁多，在我国是屈指可数的。矿物岩石与人类的生存发展、日常生活、物质财富、科技进步等有着极密切的关系。

　　矿物岩石举目可见，但要真正了解它也不是件容易的事，岩石矿物知识是学校科学课程中的一块"硬骨头"，教师和学生迫切需要掌握一些鉴别矿物和岩石的基本技能。同时，对新疆矿产资源的认识影响着广大宝玉石爱好者收藏宝石、玉石的鉴赏能力，这就是编写《新疆常见岩石的识别与鉴赏》的目的和愿望。

　　作者经过充分的调查研究，针对中小学、高校科学课程中的矿物、岩石学方面的热点、难点，以及对宝玉石的鉴别、奇石的鉴赏等方面缺少专业性的指导用书等具体问题，在广泛搜集资料的基础上，吸纳师生及宝物收藏者的意见及建议，经过多年的思考，终于着手编著《新疆常见岩石的识别与鉴赏》。该书可作为教材或辅助教科书、科学类专著。该书对识别矿物岩石、宝石玉石有着较强的实用性和较高的专业性，对一些矿物和岩石既有文字描述，也有显微镜下的照片对比，还有实物标本的参照。该书图文并茂，一目了然，结合实例，浅显易懂，可使初学者能很快掌握鉴别矿物岩石的方法和技能，并能确定它们的名称和成因，也能为普通的宝玉石收藏者提供科学的参考依据。我们也深信通过这本书能帮助广大读者进入矿物岩石之门，拓宽宝玉石收藏之路。

　　《新疆常见岩石的识别与鉴赏》具有较高的教学价值和学术价值，我们深信它会在教学中得到广泛应用，在教师的教学实践及学生的学习中发挥它不可替代的作用！对于岩石、玉石爱好及收藏者，可以快速、便捷地掌握常见矿物岩石玉石的分类及鉴别方法，将会受到广大读者的普遍欢迎。

2016 年 3 月 8 日

前　　言

　　本书的撰写主要以高等院校科学教育专业、中小学科学课程必修的岩石内容为前提，以新疆丰富的矿物、岩石资源为基础。本书是在教学实践中产生的适用于学习岩石基础知识的教材或辅助教材，也是在生活实践中诞生的为宝玉石爱好者与收藏者提供的具有参考价值的科普专著。

　　本书内容密切联系生产和生活实际，绪论以石头文化为主线，主要阐述石头对地球环境、人类文化、地质演变、矿产利用及科技发展的影响。按照小学科学课程标准的要求，在内容上包含岩石的科学概念及三大类岩石的基础知识：第一章、第二章讲述岩石学的基础专业术语、矿物和岩石的概念及关系、矿物基本的鉴别方法和岩石的分类；第三至五章，分别介绍岩浆岩、沉积岩、变质岩的概念、成因、矿物成分、结构构造以及典型的岩石实例；第六章重点阐述岩石鉴别的一般步骤和方法，并基于生活实际列举鉴别常见岩石的实例。基于新疆地域辽阔、地层齐全、构造复杂易产出宝石、玉石和奇石的特点，第七章详细描述宝石、玉石的基本特征和基础的鉴别方法以及玉文化的源远流长；第八章介绍新疆奇石的分类和鉴赏，为奇石收藏者提供可靠的参考依据。

　　本书旨在从科学方法论的角度，以新疆常见矿物岩石为例，从矿物的概念、分类及鉴定方法，使科学教育专业的学生及从事中小学科学教育的教师们了解、认识矿物，并掌握三大类岩石的成因、特性、结构、构造及分类形成系统的知识理论，以及识别岩石及标本制作的基本技能。本书以图文并茂的形式，展示新疆丰富的矿产资源和珍贵的宝玉石资源，从宝石、玉石的组成矿物、物理性质、简单鉴别、收藏价值以及文化影响等方面，让广大宝物爱好者掌握一定的识别和欣赏宝玉石的能力，并能为其收藏相关宝物提供可借鉴的依据。

　　本书创新性地将专业性强的岩石知识与新疆本土特色的宝玉石鉴赏相结合，将科学课程的必修内容与石头文化相结合，以新疆矿产资源为基础，从常见岩石入手选取典型实例，以言简意赅的描述和浅显易懂的语言让读者深切体会到岩石对人类发展及日常生活的重要性，形成理论实践相结合、生活教学相辅助的观念。

编　者

目　　　录

绪论　漫谈石头文化

　　一块普通的石头，它有着极其丰富的文化内涵……

石头文化

　　石头的种类繁多、用途广泛，是我们的生存之根、生活之源。石头奥妙无穷，如万卷书，记载着大地变迁的证据。石头有着许许多多的不解之谜，可以说对石头的研究能直接反映社会发展的进程。石器时代、青铜器时代、铁器时代、蒸汽机时代、电气化时代，乃至信息化时代都同样与普通的石头息息相关。

　　寻石、问石大有可为，山川旷野天地广阔，许多特殊石头（宝藏）的发现归功于百姓，成功于无意之中。要想取得一个伟大的成就，应在大处着想、小处着手，石头就在身边、就在脚下，你只要仔细观察，多问几个为什么，持之以恒定会受益。我们要爱护资源、保护环境，不能乱采滥挖，要遵守法律，不能做一些对不起石头、对不起环境的事。

　　看起来最普通的石头，它都会给你讲一段有趣的故事。只要你理解它，它就会和你有说不完的话，甚至与你产生不可言传的情感。科学的发展，需要人们去努力、去奋斗、去发现、去探索，处处留心皆学问。牛顿提出了一个极为常见的问题，苹果为什么落到地上，不飞向天空？从而发现了万有引力定律，这就是伟大的启示。

　　石头奥秘无穷，需将它看成是一个鲜活的生命体，只要积极地去认识它，它就会向你倾诉衷肠。

　　石头是大山的支柱，大地之"母亲"。一块石头作用有限，一座大山却可威力无穷。新疆的三座大山构成了新疆大地的构架，形成了不同的地貌景观，同时也形成了特殊的气候与动植物资源，不同的石头之下埋藏着不同的宝藏。由此可见，石头的作用非同一般。

　　石头永远是一个研究不尽的课题，"石头不语最可人"，它了解人的心灵，对人类默默无闻地贡献着一切，直到粉身碎骨，"化为泥土更护花"，石头是对人类生存最大的贡献者。没有石头就没有了土地，就没有了地球上的动物和植物，也就没有人类。

石头是人类生存的根

人类的衣、食、住、行，样样都离不开石头，它是世界万物的源泉，石头为我们提供了矿产资源，石头中流出石油、提炼出钢铁、分离出黄金，石头又化为泥土长出大片森林、草原、庄稼，滋养着万物生灵，养育着地球上的生命体。

人们最初是用石头击兽、取火、做成简单的工具。后来人们用石头的粉末烧制成陶器，用石头炼铜、炼铁，对石头的利用率越高，时代进步越快，科技发展也就越快。

房屋所用的建材，我们所需的能源，90％取自煤、石油、核，它们都源于石头。我国对风能的利用也处在迅速发展中，风的形成与特殊的地形地貌有关，特殊的地形地貌是由特殊的石头所组成。我国80％的工业原料、70％的农业生产资料都是由石头（矿产）提供，可以说石头赐给了人类生活条件，是人类的生命之源，也为人类发展、社会进步奠定了基础。

石头超凡脱俗，天然形成，千姿百态，风雅兼容，它震撼着人们的心灵。一块石头既能展现出天地自然对它的"铸造"过程，又能向人们叙说出它经历的沧海桑田。在石头中找到"知音"会更令人神往和激动，在研究石头中你会进入到"天人合一"的大环境，定会感受到生命的价值与珍贵，体验到石头的精、气、神与人的心灵互通互动。人类生命的价值、时代的进步，都在研究石头、利用石头的过程中有所体现。

新疆是一个石头和矿产资源大区，怎样使石头和矿产资源优势转化成经济优势需要几代人的共同努力，以煤为例：1千克煤单用于燃烧的价值是1元，变成化工原料的价值为300～500元，怎样实现转化需要技术、资金、设备和人才。新疆的油页岩也是如此，做了可怜的铺路石，如果能提炼出石油，它的价值将提升几百倍。

石头是一部万卷书，是"沧海桑田"变迁的见证

通过对石头在自然作用下留下的痕迹及现存古生物化石的研究，可以追溯其形成和演化过程，并以此为据恢复地质年代中的古地理、古气

候环境，研究古生物兴衰灭绝的原因，从而为人类的生存和发展提出预警，以求人类与自然的和谐发展。

岩石中碎屑颗粒搬运的距离远近从圆度上可以推断，颜色可以指示古气候的特征，如红色、紫色页岩或砂岩表明沉积时是一种炎热、干燥氧化的环境。古生物证明海陆变迁，山崖石壁上有海螺的出现说明此地过去是海滨之地，根据岩层断裂、褶皱的情况可以推断当时地壳运动的激烈程度。

地球上人类的出现和生命的诞生也是一个不断进化的过程，从无机到有机，从无核细胞到有核细胞，从菌藻类到无脊椎、脊椎动物的进化，以及孢子植物到裸子植物、被子植物的发展，反映出生命由简单到复杂、由低级到高级的进化过程。

地球不但有几次生物大发展，也有几次生物大灭绝，究竟是什么原因、有什么规律，值得人们提高警惕，一定要保护生态环境，做到人与自然和谐发展。

通过"石化"了的生物遗体、印痕、印模、遗迹、遗物，可以判定生物的生存时代，划分地层的新老顺序，了解发生的地质突变。

自从地球形成以后，无时无刻不在变化，世界上没有一成不变的事物，人也是这样，前一秒钟的我和后一秒钟的我是不一样的。地球也是这样，由渐变到突变、由量的积累到质的变化。青藏高原还在慢慢上升，每年上升2毫米，10年就是2厘米，100就是20厘米，1000年、1万年、10万年、100万年又怎样呢？

你能相信吗？200万年前的乌鲁木齐还是一个大象成群的地方，拥有大片的森林，气候相当于今天的西双版纳，地质工作者确实在雅玛里克山下挖到了几具象牙化石，现在摆放在新疆地质矿产博物馆内。

近年来气候变化非常明显，眼看气候变暖，20世纪50年代新疆5月底还下雪，60年代冬季普遍是−25～−26℃，现在冬季只有极少几天能达到−26～−27℃，−30℃以下根本没有，这是为什么？人口的增加？植被的破坏？太阳热核爆发？北极的冰盖、南极的冰山都在萎缩，是什么原因？是自然规律，还是人为的破坏？都是值得思考的问题。地球赐给人类一切，人们要爱护地球、保护地球。若任意损坏它，地球发了脾气，会无情惩罚人类的。人们不能无止境地向自然索取，人们把地球比做"母亲"，你若向"母亲"索取太多，就出现了全球变暖、酸雨和臭氧层空洞等世界环境问题。保护地球，就是保护"母亲"，就是保护自己。

石头是高山的脊梁、大地之精英、地球之魂

地球上多姿的地貌，高山大川，险峰秀岭，无不是由石头作骨架。无论是盆地、沟壑，还是高原、山脉，都是因石头发生了错位、变动、断陷而形成的。石头是山川、大地的主宰者。我们近处的红山、雅玛里克山、鲤鱼山、黑甲山……都是由石头支撑着。乌市周围的沟，水磨沟、白杨沟、大西沟、板房沟、水西沟……都是因为平整的岩石发生断裂而形成。可以这么说，如果没有石头作支撑，地球将是一片汪洋。正因为有了石头我们才能脚踏实地（石地）生活，高楼才有了坚实的基础，才能以石头为基础去修筑公路、铁路、机场，才有了人类的生存条件。石头也是各类矿产的母体，矿产多数隐藏在石头中，某种矿物累积多了就变成了矿石。到目前为止，世界上发现组成岩石的矿物有3000多种，岩石种类也很多。大体上分三大类：岩浆岩、沉积岩、变质岩。每一个岩石大类又分很多种，如沉积岩类中又分碎屑沉积、化学沉积……每一种下面又分有许多细类和过渡品种。如变质岩中的混合岩，喷出岩中的砂质凝灰岩，沉积岩中的变质岩。三大类岩石实质上形成了一个圆圈状的循环体。岩浆岩（火成岩）→沉积岩→变质岩→岩浆岩（火成岩）→沉积岩→变质岩。

"石可言志，石能传情"，地球上还有许多"雕刻大师"，在不断雕琢着石头，如风、水、冰、太阳能，它们日积月累对坚硬的石头进行雕琢。如新疆风景区魔鬼城，是风的功劳；一号冰川前的U形谷，是冰川的功劳；南疆库车溶盐洞，是水的功劳；大沙漠的砂子，是太阳能的功劳。气候的变化也可使岩石变成碎片，它主要借助于水的"冷胀热缩"原理，把巨大的岩石从山顶一块一块地劈下来，形成奇特的景观。

引起石头变化的有两种力的作用，一是来自地球本身力的作用，地质上称内力作用；二是外力作用（风化作用），借助于风能、水能、冰能、太阳能及人为的破坏等外部因素。

石头坚韧、表里如一，经风霜雨雪后更加钟灵毓秀。石头很美，其外表心灵都很可人，是人们学习的榜样、楷模！

第一章　矿物学

矿物学是研究矿物的化学成分、内部结构、形态、性质、成因、产状、共生组合、变化条件、用途以及它们之间相互联系的一门学科。

现代矿物学不仅研究矿物本身的组成、性质及其利用，并且还研究它在地壳中的发生、成长和变化的各种自然化学过程以及它们的自然组合，从而探讨和追溯矿物的整个历史。从这一点观点来看，矿物学可以被认为是"地壳的化学"和"自然的历史"，此观点也是现代矿物学的基础。

第一节　什么是矿物

矿物是由地质作用所形成的天然单质或化合物。它有相对固定的化学成分并可用化学式表达，呈固态者还有确定的内部结构。它们在一定的物理化学条件范围内稳定，是组成岩石和矿石的基本单元。

矿物除少数是自然元素外，绝大多数是自然化合物。大部分的矿物是固体，有时也呈液体和气体状态存在。固体矿物具有一定的物理性质和化学性质，这些性质取决于它的结晶构造和化学成分。在不受空间限制和适宜的物理条件下，往往可以生成具有完整晶形的结晶多面体。

截至 2016 年，已知的矿物有 3700 多种，绝大多数是固态无机物，液态的（如液态汞）、气态的（如氦）以及有机物（如琥珀）仅有数十种。而在固态矿物中绝大多数都属于晶质矿物，只有极少数属于非晶质矿物（如水铝英石）。来自地球以外的单质或化合物称为宇宙矿物；由人工方法所获得的某些与天然矿物相同或类同的单质及化合物则称为合成矿物。矿物原料是极为重要的天然资源，广泛应用于工农业和科技领域。

第二节　矿物的分类与命名

矿物的分类方法有很多种，早期曾采用以化学成分为依据的化学成分分类。后来有人提出以元素的地球化学特征为依据的地球化学分类，以矿物的工业用途为依据的工业矿物分类等。目前常用的分类法有工业分类、成因分类和晶体化学分类三种。根据矿物的不同性质和用途，对矿物进行工业分类，分为金属矿物和变质成因矿物两类。根据矿物的化学成分和晶体结构，将矿物分为五大类，即自然元素类、硫化物类、氧化物和氢氧化物类、卤化物类、含氧盐类。一般采用以矿物本身的成分和结构为依据的晶体化学分类。

一、矿物的分类

按晶体化学分类将矿物分为五大类：

1. 自然元素类

指由一种元素（单质）产出的矿物。地壳中已知自然元素矿物大约90种，占地壳总重量的0.1%。可以分为金属元素，以铂族及自然金、自然铜等为主；非金属元素，碳、硫，以金刚石、石墨等为主；半金属元素，砷、锑等。

2. 硫化物类

共300多种，其种类仅次于硅酸盐类矿物，重量为地壳的0.25%。常富集成重要的有色金属矿床，是铜、铅、锌、锑等的重要来源，具有很高的经济价值。主要特点是：具有金属光泽，颜色、条痕较深，硬度低、比重大、导热性能好。另一特点是，因硫化物往往与岩浆共生，所以在地表表生作用下极易氧化，除黄铁矿（硬度 $6\sim6.5$）外，其余硬度皆较低。此类矿物常见者有黄铁矿 FeS_2、黄铜矿 $CuFeS_2$、方铅矿 PbS、闪锌矿 ZnS、辉锑矿 Sb_2S_3、辉钼矿 MoS_2、辰砂 HgS。

3. 氧化物及氢氧化物类

分布相当广泛，约200多种，占地壳总重量的17%。常见矿物有石英、刚玉 Al_2O_3、磁铁矿、铬铁矿、铝土矿 $Al_2O_3\cdot nH_2O$ 等，是铝、铁、锰、锡、铀、铬、钛、钍等矿石的重要来源，经济价值很高。

4. 卤化物类

如萤石、石盐等；种类少，约 120 种，仅占地壳总重量的 0.1%。大部分形成于地表条件下，构成盐类矿物，含色素离子少，色浅，硬度低，一般小于 3.5。常见矿物有石盐 $NaCl$、钾盐 KCl、萤石 CaF_2 等。

5. 含氧盐类

是矿物中的最大一类，几乎占地壳已知矿物的 2/3，可进一步分为硅酸盐、硫酸盐、碳酸盐、磷酸盐等。如橄榄石、石榴石、蓝晶石、绿柱石、电气石、辉石、角闪岩、叶蜡石、滑石、斜长石、正长石、霞石等。

(1) 硅酸盐类：地壳中主要由此类矿物组成，约 800 多种，占已知矿物的 1/3 左右，占地壳总重量的 3/4，如将 SiO_2 重量计入，可为地壳总重量的 87% 以上。如橄榄石、普通辉石 $(Ca,Na)(Mg,Fe,Al)[(Si,Al)_2O_6]$、普通角闪石 $Ca_2Na(Mg,Fe^{+2})_4(Al,Fe^{+3})[(Si,Al)_4O_{11}]_2(OH)_2$、云母、正长石 $K[AlSi_3O_8]$、斜长石、高岭石、滑石 $Mg_3[Si_4O_{10}][OH]_2$、石榴石 $A_3B_2[SiO_4]_3$（其中 A 为二价的 Ca，Mg，Fe，Mn；B 为三价的 Al，Fe，Cr 等元素）、红柱石 $Al_2[SiO_4]O$ 及蛇纹石和石棉 $Mg_6[Si_4O_{10}](OH)_8$ 等。

(2) 硫酸盐类，种类较多，约 260 种，但重量仅占地壳总重量的 0.1%。如重晶石 $BaSO_4$、石膏等。

(3) 碳酸盐类，约 95 种，占地壳总重量的 1.7%。如方解石、白云石、孔雀石等。

其他含氧盐类硝酸盐、磷酸盐、硼酸盐、钨酸盐等，常见矿物有钠硝石、磷灰石、绿松石、硼砂、黑钨矿 $(Fe,Mn)WO_4$、白钨矿 $CaWO_4$ 等。

二、矿物的命名

矿物的命名有各种不同的依据，但归纳起来主要有以下几种。

(1) 以化学成分命名的，如自然金、钛铁矿。

(2) 以物理性质命名的，如孔雀石、橄榄石。

(3) 以晶体形态命名的，如石榴石、十字石。

(4) 以成分及物理性质命名的，如黄铜矿、磁铁矿。

(5) 以晶体形态及物理性质命名的，如绿柱石、红柱石。

（6）以地名命名的，如高岭石、香花石、包头矿。

（7）以人名命名的，如章氏硼镁石、志忠石。

第三节　矿物的特征与形态

一、矿物的特征

矿物在空间上的共存称为组合。组合中的矿物属于同一成因和同一成矿期形成的，则称它们是共生，否则称为伴生。研究矿物的共生、伴生、组合与生成顺序，有助于探索矿物的成因和生成历史。就同一种矿物而言，在不同的条件下形成时，其成分、结构、形态或物性上可能显示不同的特征，称为标型特征，它是反映矿物生成和演化历史的重要标志。

二、矿物的形态

矿物千姿百态，就其单体而言，它们的大小悬殊，有的肉眼或用一般的放大镜可见（显晶），有的需借助显微镜或电子显微镜辨认（隐晶）；有的晶形完好，呈规则的几何多面体形态；有的呈不规则的颗粒，存在于岩石或土壤之中。矿物单体形态大体上可分为三向等长（如粒状）、二向延展（如板状、片状）和一向伸长（如柱状、针状、纤维状）三种类型。而晶形则服从一系列几何结晶学规律。矿物单体间有时可以产生规则的连生，同种矿物晶体可以彼此平行连生，也可以按一定对称规律形成双晶，非同种晶体间的规则连生称浮生或交生。矿物集合体可以是显晶或隐晶的。隐晶或胶态的集合体常具有各种特殊的形态，如结核状（如磷灰石结核）、豆状或鲕状（如鲕状赤铁矿）、树枝状（如树枝状自然铜）、晶腺状（如玛瑙）、土状（如高岭石）等。

第四节　常见矿物的鉴定方法

长期以来，人们根据物理性质来识别矿物，如颜色、光泽、硬度、解理、比重和磁性等都是肉眼鉴定矿物的重要标志。

1. 颜色

矿物的颜色多种多样。呈色的原因，一类是白色光通过矿物时，内部发生电子跃迁过程而引起对不同色光的选择性吸收所致；另一类则是物理光学过程所致。导致矿物内电子跃迁的内因，最主要的是色素离子的存在，如 Fe^{3+} 使赤铁矿呈红色，V^{3+} 使钒榴石呈绿色等。晶格缺陷形成"色心"，如萤石的紫色等。矿物学中一般将颜色分为三类：自色是矿物固有的颜色；他色是指由混入物引起的颜色；假色则是由于某种物理光学过程所致。如斑铜矿新鲜面为古铜红色，氧化后因表面的氧化薄膜引起光的干涉而呈现蓝紫色的锖色。矿物内部含有定向的细微包体，当转动矿物时可出现颜色变幻的变彩，透明矿物的解理或裂隙有时可引起光的干涉而出现彩虹般的晕色等。

要鉴定一种矿物，最先看到的是不同矿物的不同颜色，红、橙、黄、绿、青、蓝、紫、黑、白，特别是一些混合色最难鉴定，比如，以绿色为主带有黄色的，以红色为主带有紫色的。即使是一种颜色也是千差万别，比如白色又可以分为鸡骨白、象牙白、雪白、灰白、羊脂白等几十种。因此，在鉴定矿物的过程中需要对照图谱，将看到的颜色和图册颜色进行对照。

2. 多色性

某些非均质矿物，在单偏光下随着物台的转动，不仅表现出颜色深浅不一，而且色调也会发生变化，这种现象被称为多色性。这是由于晶体不同方向对不同波长的色光具有选择性吸收的结果，多色性和吸收性常常是同时表现的，它是鉴定矿物的重要特征。

3. 光泽

矿物表面对可见光的反射能力称为矿物的光泽，其强弱取决于矿物的折射率、吸收系数和反射率，反射率越大，矿物的光泽就越强。在矿物学中将光泽的强度由强到弱分为四个等级：金属光泽（状若镀克罗米金属表面的反光，如方铅矿）、半金属光泽（状若一般金属表面的反光，如磁铁矿）、金刚光泽（状若钻石的反光，如金刚石）、玻璃光泽（状若玻璃板的反光，如石英）。金属矿物则具有金属或半金属光泽，非金属矿物一般都表现为金刚光泽或玻璃光泽。金属和半金属光泽的矿物条痕一般为深色，金刚或玻璃光泽的矿物条痕为浅色或白色。矿物光泽的强弱应以晶面、解理面等平滑表面的反射率为准，其他反射表面及某些集合体形态则可以引起特殊的光泽，如珍珠光泽、油脂光泽、丝绢光泽、蜡状光泽等。光泽是鉴定矿物的重要特征之一，也是评价宝石质量的重要标准之一。

4. 透明度

物体允许可见光透过的程度称为透明度。透明度的大小取决于矿物的化学成分和内部结构。影响矿物透明度的外在因素很多：厚度、含有包裹体、表面不平滑等，在矿物学中，一般以 10 mm 厚的矿物的透光程度为标准，将矿物的透明度分为三级：

透明矿物——可充分透过光线。通过矿物可以看到另一侧物体的清晰轮廓，如水晶。

半透明矿物——矿物可透光，通过矿物可以看到另一侧物体的模糊轮廓，如闪锌矿石。

不透明矿物——通过矿物完全不见另一侧物体的任何形象。如磁铁矿、孔雀石等。

许多在手标本上看来并不透明的矿物，实际上都属于透明矿物，如普通辉石等。一般具玻璃光泽的矿物均为透明矿物，具金属或半金属光泽的为不透明矿物，具金刚光泽的则为透明或半透明矿物。

5. 硬度

矿物抵抗其他物质刻画和磨蚀的能力称为硬度。分析矿物的硬度一般采用摩氏硬度，是 1822 年德国矿物学家摩斯，为了表示矿物硬度而提出的一个分类表，即使用至今的硬度计法。摩氏硬度由十种矿物组成，将矿物硬度分为十级，见表 1-1。

表 1-1　摩氏硬度

滑石	石膏	方解石	萤石	磷灰石	长石	石英	黄玉	刚玉	金刚石
1	2	3	4	5	6	7	8	9	10

除十种标准矿物测试硬度外，常用的还有：指甲 2.5、铜针 3、小刀 5.5、钢锉 6.5～7、碳化硅 9.5 等。

测试硬度要注意矿物的珍贵性，若为宝石和玉石，不能在光面上刻画，找一个暗处测试。还应注意的是，有时方向不同，矿物的硬度也不相同。蓝晶石就是这样，在延长面上是 4.5，在垂直延长面上是 6.5。

6. 解理和断口

解理是指矿物晶体在外力的打击下，总沿着一定的结晶方向裂成平面的固有性质，所裂成的平面称为解理面。根据解理产生的难易和解理面完整的程度将解理分为极完全解理、完全解理、中等解理、不完全解理和极不完全解理五级。

极完全解理——受力后极易沿解理面分裂成薄片，解理平面相当平整光滑，如云母。

完全解理——受力后总是沿解理面分裂，解理面显著而平滑，如方解石。

中等解理——受力后常沿解理面分裂，解理面清楚，但很不平滑，且常不连续，如辉石。

不完全解理——受力后沿解理面分裂较困难，仅断续见到不明显的解理面且不平滑，如橄榄石。

极不完全解理——受力后极少沿解理面分裂，仅在显微镜下偶尔可见零星的解理面，如石英。

断口是指矿物受外力打击下，不沿一定的结晶方向破裂而形成的断裂面。断口按其形态可分为贝壳状断口、锯齿状断口、参差状断口、平坦状断口等。断口可作为鉴定矿物的一种辅助依据，如石英常呈贝壳状断口。

7. 比重

指纯净、均匀的单矿物在空气中的重量与在4℃同体积的水的重量之比。矿物的比重取决于组成元素的原子量和晶体结构的紧密程度。在矿物中一般将矿物的比重粗略地分为三级：比重小的，比重<2.5，如石膏；比重中等的，比重介于2.5~4.0，如长石；比重大的，比重>4.0，如重晶石、方铅矿等。

矿物的比重可以实测，也可以根据化学成分和晶胞体积计算出理论值。

应该指出，同一种矿物，由于化学成分的变化、类质同象混入物的代换、机械混入物及包裹体的存在、洞穴与裂隙中空气的吸附等等，对矿物的比重均会造成影响。所以，在测定矿物比重时，必须选择纯净、未风化的矿物。

8. 条痕

矿物在白色无釉瓷板上摩擦时所留下的粉末痕迹称为条痕。矿物碎成粉末后可消除假色，减弱他色，真正反映出矿物的本色。条痕对于鉴定金属矿物有着特殊的意义。

9. 磁性

磁性是指矿物在磁场作用下被磁化时所表现出的性质。分为强磁性矿物，如磁铁矿；中等磁性矿物，如钛铁矿；弱磁性矿物，如独居石；无磁性矿物，如刚玉。

根据矿物内部所含原子或离子偶极子磁矩的大小及其相互取向关系的不同，它们在被外磁场所磁化时表现的性质也不相同，从而可分为抗磁性（如石盐）、顺磁性（如黑云母）、反铁磁性（如赤铁矿）、铁磁性（如自然铁）和亚铁磁性（如磁铁矿）。由于原子磁矩是由不成对电子引起的，因此凡是只含具饱和的电子壳层的原子和离子的矿物都是抗磁的，而所有具有铁磁性或亚铁磁性、反铁磁性、顺磁性的矿物都是含过渡元素的矿物。若所含过渡元素离子中不存在不成对电子时（如毒砂），则矿物仍是抗磁的。具铁磁性和亚铁磁性的矿物可被永久磁铁所吸引；具亚铁磁性和顺磁性的矿物则只能被电磁铁所吸引。矿物的磁性常被用于探矿和选矿。

10. 发光性

发光性是指某些矿物受到外界能量的激发，如紫外线、X 射线、阴极射线和放射性射线照射下，或者在打击、摩擦、加热时表现出能够发出可见光的性质。具有发光性的常见矿物有金刚石、白钨矿、萤石等。

11. 可燃性和热电性

矿物受热后能引起燃烧的性质称为可燃性，如自然硫和有机矿物。

矿物如受热或摩擦激起表面荷电的性质称为热电性，如电气石。

12. 其他

某些矿物（如云母）受外力作用弯曲变形，外力消除可恢复原状，显示弹性；而另一些矿物（如绿泥石）受外力作用弯曲变形，外力消除后不再恢复原状，显示挠性。大多数矿物为离子化合物，它们受外力作用容易破碎，显示脆性。少数具金属键的矿物（如自然金），具延性（拉之成丝）、展性（捶之成片）。

脆性、弹性、挠性、可塑性、压电性等，都可作为鉴定矿物的方法和依据。

第五节　常见的矿物实例

（1）方解石：化学式为 $CaCO_3$，常含镁、铁、锰、锌等，集合体呈晶簇、粒状、致密块状等（图 1-1、图 1-2）。无色或白色，因含杂质而呈各种颜色，具有玻璃光泽，解理完全，硬度为 3。方解石是组成石灰岩的主要成分，纯净无色透明的方解石称为冰洲石。

图 1-1　方解石 1　　　　　　图 1-2　方解石 2

（2）冰洲石：无色透明纯净的方解石（图 1-3）。在透明矿物中具有最高的双折射率。主要用于国防工业和制造特种光学仪器，工业上对冰洲石的质量要求是：无色、全透明、无包裹体、无裂缝、无双晶、无节瘤，用紫外线光照射时无荧光现象。优质的冰洲石晶体产于玄武岩的方解石脉和沸石方解石脉中，冰洲石矿床也产于石灰岩中，但晶体质量稍差。

图 1-3　冰洲石

（3）辉石：是辉石族矿物的总称。是镁、铁、钙、钠、铝、锂的链状结构硅酸盐，晶体多呈柱状（图 1-4）。颜色大部分较深，玻璃光泽，硬度 5～7。辉石是主要的造岩矿物，主要产于岩浆岩中，也可见于生成变质岩及夕卡岩中。

图 1-4　辉石岩

（4）角闪石：是角闪石族矿物的总称，是含有 OH^- 的镁、铁、钙、钠、铝的链状结构硅酸盐，集合体呈粒状、纤维状、放射状等（图 1-5）。颜色大部分较深，具有玻璃光泽，解理中等，硬度为 $5\sim6$。角闪石是分布较广的造岩矿物，主要见于变质岩中。

图 1-5　角闪石

（5）橄榄石：是镁、铁的岛状结构硅酸盐，晶体形态为粒状集合体。橄榄石主要呈黄绿色，玻璃光泽，硬度为 $6.5\sim7$，解理不完全，端口贝壳状（图 1-6、图 1-7）。主要产于基性和超基性岩浆岩中，易蚀变为蛇纹石。色泽优美者可作宝石。

图 1-6　橄榄石 1

图 1-7　橄榄石 2

（6）石榴石：是石榴石族的总称，一般化学式为 $A_3B_2(SiO_4)_3$，其中 A 为二价的阳离子，如钙、铁、镁、锰等，B 为三价阳离子，如铝、铁、铬等，属于岛状结构硅酸盐（图 1-8、1-9）。石榴石的颜色不一，具有玻璃光泽或油脂光泽，硬度为 6.5～7.5，解理不完全，断口不平坦。最普遍出现于接触交代过程中，是构成夕卡岩的重要矿物成分。

图 1-8　石榴石 1

图 1-9　石榴石 2

（7）电气石：是电气石族矿物的总称。化学成分复杂，是以硼为特征的铝、钠、铁、镁、锂的环状结构硅酸盐矿物（图 1-10、图 1-11）。呈不同的颜色，具有玻璃光泽，硬度为 7～7.5，比重为 2.9～3.2，具热电性和压电性。主要产于花岗岩、云英岩，也常见于变质岩中。色泽优美者俗称碧玺，可作宝石。

图 1-10　电气石　　　　　　图 1-11　红电气石

（8）长石：长石族矿物的总称。包括正长石、斜长石、钾长石、透长石等，其主要化学成分是钾、钠、钙、钡的无水架状结构铝硅酸盐，成分中类质同象置换的现象很普遍。长石呈浅色，具有较高的硬度，比重较小。长石是硅酸盐矿物中分布最广的矿物，也是最重要的造岩矿物，约占地壳总重量的50%。在岩浆岩、沉积岩、变质岩中都可出现，尤其在岩浆岩中，长石几乎是所有岩浆岩的主要矿物成分，对于岩石的分类具有重要的意义。

（9）斜长石：由钠长石分子和钙长石分子两种组分组成的系列矿物的总称。集合体呈粒状或块状，白色至暗灰色，玻璃光泽，解理完全，硬度为6～6.5。斜长石占全部长石总量的70%，是构成岩浆岩的最主要矿物（图1-12）。

图 1-12　斜长石

（10）钾长石：是透长石、正长石和微斜长石的总称。钾长石属单斜晶系，主要呈肉红色、黄白色或灰色，解理完全，硬度为6，具有玻璃光泽（图1-13）。钾长石中以微斜长石分布最广，正长石次之，透长石较少见。

图 1-13 钾长石

（11）霞石：是含钠、钾的铝硅酸盐，晶体呈短柱状，通常呈粒状或致密块状集合体（图 1-14）。无色或白色，有时带浅黄色、浅褐色。玻璃光泽，断口呈油脂光泽，其浅色不透明而油脂光泽显著的称脂光石。硬度为5～6，解理不完全，是碱性岩浆岩中的主要矿物。用于制造玻璃和陶瓷，也可作为炼铝的原料。

图 1-14 霞石

（12）针铁矿：成分为 $FeO(OH)$，通常呈肾状、钟乳状集合体（图 1-15、图 1-16）。暗褐色，半金属光泽，硬度为 5～5.5。针铁矿主要是由含铁矿物经过氧化和分解而形成的次生矿物，是构成褐铁矿的主要矿物成分，是炼铁的矿物原料。

图 1-15 针铁矿 1

图 1-16 针铁矿 2

（13）磁铁矿：化学式为 Fe_3O_4，常含钛、钒等，通常呈粒状和块状集合体（图 1-17）。黑色，条痕黑色，具有有金属光泽，硬度为 5.5～6，具有强磁性。形成于内生作用和变质作用过程中，常见于岩浆成因铁矿床、沉积变质铁矿床、接触交代铁矿床中，是主要的矿物成分。

图 1-17　磁铁矿

（14）菱铁矿：化学式为 $FeCO_3$，集合体呈粒状、块状或结核状（图 1-18）。颜色为褐色，具有玻璃光泽，解理完全，硬度为 3.5～4.5。常产于煤系地层内，并具结核状等形态特征，是炼铁的矿物原料。

图 1-18　菱铁矿

（15）黄铁矿：化学式为 FeS_2，工业上又称硫铁矿，集合体呈粒状或块状（图 1-19）。浅黄铜色，条痕绿黑色，金属光泽，端口参差状，硬度为 6～6.5。内生成因的黄铁矿主要产于热液矿床中，外生成因的黄铁矿常见于沉积岩、煤层中，是制取硫酸的主要矿物原料。

图 1-19　黄铁矿

（16）黄铜矿：化学式为 $CuFeS_2$，集合体为粒状或致密块状（图 1-20）。黄铜色，表面常因氧化而呈金黄色或紫红色，条痕绿黑色，硬度为 3～4。主要产于铜镍硫化物矿床、斑岩铜矿、接触交代铜矿床以及某些沉积成因的层状铜矿中，是炼铜的主要矿物原料之一。

图 1-20　黄铜矿

（17）云母：是云母族矿物的总称。其主要成分是钾、铝、镁、铁、锂等的层状结构铝硅酸盐，集合体常呈鳞片状（图 1-21、图 1-22）。玻璃光泽，解理面呈珍珠光泽，硬度为 2～3，片状解理完全。云母是分布很广的造岩矿物，常见于岩浆岩、沉积岩和变质岩中。

图 1-21　云母　　　　　　　　图 1-22　云母片

（18）石英：化学式为 SiO_2，常呈粒状、块状集合体出现。颜色不一，无色透明的叫"水晶"（图 1-23、图 1-24），紫色的叫"紫水晶"，玻璃光泽，硬度为 7，无解理，断口呈油脂光泽贝壳状。粒状石英是花岗岩、片麻岩和砂岩等岩石的主要矿物组分。

图 1-23　水晶 1　　　　　　　　　图 1-24　水晶 2

　　（19）透闪石：常含铁，通常呈放射状或纤维状集合体，呈隐晶质致密块状集合体者称为软玉。白色或浅灰色，玻璃光泽或丝绢光泽，硬度为 5.5～6（图 1-25）。主要产于接触变质灰岩、白云岩，也常见于蛇纹岩中。

图 1-25　透闪石

　　（20）阳起石：与透闪石成类质同象关系，其成分中的透闪石分子含量小于 80%，晶体呈长柱状或针状，通常呈放射状或纤维状集合体，呈隐晶质致密块状集合体者称为软玉。阳起石呈不同程度的绿色，随铁含量的增多而加深。玻璃光泽或丝绢光泽（图 1-26）。硬度为 5.5～6，解理中等。常产于含铁的接触变质矿床和接触变质石灰岩、白云岩中，也常在交代基性和中性岩浆岩中的辉石而呈假象出现，此种具辉石假象的次生阳起石称为纤闪石。

图 1-26　阳起石

（21）蛇纹石：蛇纹石族矿物的总称，是含镁的一种层状结构硅酸盐，集合体常呈致密块状、细条状、叶片状或纤维状。颜色灰白或绿色，蜡状光泽，解理完全，块状者具贝壳状或参差状断口。蛇纹石是超基性岩中的橄榄石、辉石受热液作用交代形成的产物（图 1-27）。

图 1-27　蛇纹石矿

（22）石棉：一种可剥分成柔韧的细长纤维的硅酸盐矿物的统称。按成分和内部结构可分为两种：蛇纹石石棉和角闪石石棉。各种石棉均能劈分成很细的纤维，可加工纺织成石棉绳、石棉布等。其中蛇纹石石棉的劈分性、柔性、抗张强度及耐热和绝缘等性能比角闪石石棉好，而角闪石石棉的耐酸、碱及防腐性能要比蛇纹石石棉好。将石棉在研钵中研磨时，角闪石石棉可研成粉末，蛇纹石石棉则黏合成薄片。

（23）绿泥石：绿泥石族矿物的总称。成分比较复杂，为镁、铁、铝的铝硅酸盐，常含钙、钛、锰等。按化学成分的不同可分为正绿泥石和鳞绿泥石两个亚族。绿泥石晶体呈板状，集合体呈片状、鲕状或致密块状。有深浅不同的绿色，解理面呈珍珠光泽，硬度小，片状解理平行极完全。常见于变质岩中，是构成绿泥石片岩的主要矿物成分，也常见于热液蚀变的岩石中。

（24）萤石：化学式为 CaF_2，又称氟石，集合体常呈粒状或块状（图 1-28、图 1-29）。通常为黄、绿、蓝、紫等色，玻璃光泽，硬度为

4，解理完全。常呈单矿物的萤石脉产出，有时也大量出现于铅锌硫化物矿床中，是制取氢氟酸的唯一矿物原料。

图 1-28　萤石 1　　　　　　　　　图 1-29　萤石 2

（25）刚玉：成分为 Al_2O_3，有时含微量铁、钛或铬等，集合体呈粒状、致密块状（图 1-30、图 1-31）。颜色常为蓝灰色或黄灰色，玻璃光泽，硬度为 9。刚玉可由岩浆岩熔体中结晶而出，见于刚玉正长岩和斜长岩中，也见于岩浆岩和石灰岩的接触带，是岩浆岩去硅作用的产物。黏土质岩石经区域变质作用，可形成刚玉结晶片岩。透明色美的刚玉可作宝石，含微量铬呈红色，称为红宝石；含钛呈蓝色，称为蓝宝石。

图 1-30　刚玉 1　　　　　　　　　图 1-31　刚玉 2

（26）琥珀：化学式为 $C_{20}H_{32}O_2$，是一种有机矿物，但碳、氢、氧的比例常变化不定，非晶质。颜色通常为蜜黄色或红色，透明，具树脂光泽，部分溶于酒精。是树脂经过石化的产物，产于煤层中。图 1-32 为琥珀制成的吊坠。

图 1-32　琥珀吊坠

（27）辰砂：化学式为 HgS，俗称朱砂，集合体呈细小的粒状或致密块状（图 1-33）。有时表面现铅灰色，条痕红色，金刚光泽，硬度为 2～2.5。形成于氧化带的下部，由黑黝铜矿分解而成，是炼汞的最主要的矿物原料。

图 1-33　辰砂

（28）金刚石：化学式为 C，与石墨是碳的同素异形体，常呈八面体或菱形十二面体（图 1-34）。至纯者无色透明，一般带黄、蓝等色调，金刚光泽，硬度为 10。产于金伯利岩中，透明色美的金刚石是高级宝石。

图 1-34　金刚石

（29）玛瑙：石英的隐晶质亚种，玉髓的一种，是各种具有色彩的二氧化硅的变胶体（图 1-35、图 1-36）。通常是从岩石空隙或空洞的周壁向中心逐层填充，形成同心层或平行层块体。

图 1-35 玛瑙   图 1-36 玛瑙切面

（30）金绿宝石：成分为 $BeAl_2O_4$，又称铍尖晶石。解理中等，绿色或黄色，玻璃光泽，硬度为 8.5。见于花岗伟晶岩与其不同成分的围岩的接触带，可作宝石。

（31）自然金：成分为 Au，常含银和微量的铜（图 1-37）。当含银量超过 15％时，称为银金矿。晶体呈八面体等形状，一般呈分散粒状或不规则树枝状集合体，偶尔呈较大的块体出现，个别可重达数十公斤。颜色和条痕色均为光亮的金黄色。随含银量的增加，颜色和条痕色逐渐变为淡黄。金属光泽，硬度为 2.5～3.0，具有强的延展性，是电和热的良导体。自然金按其产状的不同，可分为脉金（也称山金）和砂金两种。脉金主要为热液成因的含金石英脉。

图 1-37 自然金

（32）自然银：成分为 Ag，常含金、汞等。通常呈不规则的粒状、块状和树枝状集合体（图 1-38、图 1-39）。新鲜断口银白色，表面常因氧化而呈现灰黑色，条痕银白色，金属光泽，硬度为 2.5，具强延展性，为电和热的良导体。主要形成于中低温热液矿床中。

图 1-38　自然银 1

图 1-39　自然银 2

（33）自然铜：成分为 Cu，原生自然铜成分中有时会含银和金等。晶体呈立方体，一般呈树枝状、片状或致密块状集合体（图 1-40、图 1-41）。铜红色，表面易氧化呈褐黑色，条痕呈光亮的铜红色。金属光泽，硬度为 2.5～3.0，具强延展性，断口呈锯齿状，为电和热的良导体。自然铜常见于含铜硫化物矿床氧化带内，一般是铜的硫化物转变为氧化物时的产物，热液成因的原生自然铜常成侵染状见于一些热液矿床中，含铜砂岩中亦常有自然铜产出，大量积聚时可作铜矿石利用。

图 1-40　自然铜 1

图 1-41　自然铜 2

常呈斑状结构，甚至多呈细粒，隐晶质。

喷出岩——因火山作用喷出地表的岩石形成的各种岩石包括细粒的、隐晶质的、玻璃质的熔岩和火山碎屑岩，有岩屑、晶屑、玻屑。从喷发环境看，有海底喷发和陆相喷发。

（2）岩浆岩按化学成分（SiO_2 含量）和主要造岩矿物分为：超基性岩、基性岩、中性岩、酸性岩和碱性岩等。

超基性岩——SiO_2 的含量一般小于 45％ 的岩浆岩，主要矿物有橄榄石、辉石，还含有少量的磁铁矿、黄铜矿、金刚石、石榴石等。岩石结构为自形粒状、斑状粒状、角粒状结构。超基性岩常见的构造为块状构造和条带状构造。如：纯橄岩、苦橄岩、金伯利岩等。

基性岩——SiO_2 含量在 45％～52％ 的岩浆岩。主要矿物为辉石、基性斜长石，不含石英或石英量极少。代表岩石为辉长岩、辉绿岩、玄武岩。

中性岩——SiO_2 含量在 52％～65％ 的岩浆岩。主要矿物为角闪石和中性斜长石，可以含少量的石英。主要组成矿物为角闪石、长石，代表性岩石有闪长岩、闪长玢岩、安山岩等。

酸性岩——SiO_2 含量＞65％ 的岩浆岩。主要组成矿物为钾长石、斜长石、石英，而其中石英含量占岩石的 25％～33％。代表岩石为花岗岩、花岗斑岩、流纹岩等。

碱性岩——含 SiO_2 较低，而碱质较高，主要矿物为碱性长石（微斜长石、正长石、钠长石），各种副长石（霞石、方钠石、钙霞石）。暗色矿物霓石、霓辉石。代表岩为：霞石正长岩、粗面岩。

第七节　常见的岩浆岩实例

表 3-2　常见岩浆岩实例

岩浆岩种类	深成岩（＞3km）	浅成岩（0.5～3km）	喷出岩
超基性岩（SiO_2：小于 45％）	纯橄岩	苦橄岩	金伯利岩
基性岩（SiO_2：45％～52％）	辉长岩	辉绿岩	玄武岩
中性岩（SiO_2：52％～65％）	闪长岩	闪长玢岩	安山岩
酸性盐（SiO_2：大于 65％）	花岗岩	花岗斑岩	流纹岩

1. 纯橄岩

纯橄岩属于超基性深成岩的岩浆岩，新鲜的纯橄岩是一种黄绿色的结晶粒状岩石，风化后呈黄褐色、暗绿色（图 3-1）。它是一种近单矿物的岩石，几乎全由橄榄石组成，次要杂质甚少，常见的是铬尖晶石、磁铁矿、镁铁尖晶石，有时还含有斜方辉石和单斜辉石。岩石遭蛇纹石化后，外表致密、断口平坦。结构为全自形粒状、半自形粒状、他形粒状、嵌晶结构。

完全新鲜的橄榄岩很少见到，总是遭受不同程度的蛇纹石化。蛇纹石化后，演示具有网状结构，橄榄石仅保留一些残晶而存在于网孔中心，常常连残晶也不存在，但最初形成的网状结构，却往往由于蛇纹石的相互排列或蛇纹石化析出的尘状磁铁矿的存在而显示出来。当蛇纹石化强烈时，网状结构也部分或全部消失而变成蛇纹石矿物的集合体。

图 3-1　橄榄岩

2. 苦橄岩

苦橄岩是一种超基性浅成岩的岩浆岩，呈灰绿色、暗绿色（图 3-2）。主要矿物有橄榄石、辉石，次要矿物为角闪石、黑云母，常见的杂质为磁铁矿、磷灰石等。岩石具有典型的半自形粒状结构以及嵌晶结构，斑晶多为橄榄石。

苦橄岩在地质上，一方面与钙碱性玄武岩、辉绿岩有关，另一方面与碱性玄武岩、方沸粗玄岩共生。在与钙碱性玄武岩和辉绿岩共生的苦橄岩中，最常见的辉石，是单斜辉石中的普通辉石、易变辉石；在与碱性玄武岩、方沸粗玄岩共生的苦橄岩中，辉石则为钛辉石，时常具有霓辉石边，并含有少量的钾长石、霞石和方沸石。

图 3-2　苦橄岩

3. 金伯利岩

金伯利岩是一种超基性喷出岩的岩浆岩，多呈深色，以绿色居多（图 3-3）。主要矿物为橄榄石、透辉石、金云母，次要矿物有金刚石、镁铝榴石、铬尖晶石。其中与金刚石有关的标志矿物是镁铝榴石及铬透辉石。岩石结构为斑状结构、角砾状结构。由于火山爆发，岩石中往往含有大量的其他各种不同成分的岩石碎块，包括各种同源的、异源的岩石碎屑和矿物碎屑。通常这种岩石都会遭到强烈的蛇纹石化和碳酸盐化，致使原岩中的矿物全部被蛇纹石和碳酸盐所替代。

根据矿物成分和结构的不同，将金伯利岩分为：

斑状金伯利岩——岩石具有斑状结构，所含斑晶为橄榄石、金云母和钛铁矿。呈岩脉和岩墙产出。

角砾状金伯利岩——岩石具有角砾状，角砾成分比较复杂，有同源角砾（斑状金伯利岩和橄榄岩）和异源角砾（榴辉石、片麻岩及石英等）两种。角砾形状为棱角状和次棱角状，大小不一。呈岩管产出。

图 3-3　　金伯利岩

4. 辉长岩

辉长岩是一种基性深成岩的岩浆岩，通常呈灰色，蚀变后为灰绿色或暗灰色，是全晶质细粒至粗粒状的岩石（图 3-4）。主要矿物有基性斜长石、辉石，次要矿物有橄榄石、角闪石、黑云母、石英和少量的磷灰石、钛铁矿等。岩石结构为辉长结构、他形粒状结构、嵌晶结构。常见的构造为块状结构，条带状构造和球状构造也可见到。

辉长岩一般呈岩盘、岩盆、岩床、岩墙及岩株产出。

图 3-4　辉长岩

5. 辉绿岩

辉绿岩属于岩浆岩中的基性浅成岩，一般为全晶质细粒至中粒状岩石，呈深灰色，次生蚀变后为绿色或暗绿色（图 3-5）。主要组成矿物有基性斜长石、辉石等。具有含长结构和嵌晶结构，并以含长结构为主要特征。

在基性较强的辉绿岩中还含有橄榄石，一般为自形晶，常遭蛇纹石化；在较酸性的辉绿岩中可见少量的石英或钾长石，或是二者形成显微文象连晶；在个别偏碱性的辉绿岩中，可见方沸石杂质。

辉绿岩按照所含次要矿物成分，可分为：含橄榄石的橄榄辉绿岩、含角闪石的角闪辉绿岩和含石英的石英辉绿岩。辉绿岩一般呈岩脉、岩墙和侵入岩床出现。

图 3-5　辉绿岩

6. 玄武岩

玄武岩属于岩浆岩中的基性喷出岩，新鲜的玄武岩通常呈深灰色到黑色，经过次生变化后显灰绿色、褐色、紫色，绝大多数为全晶质岩石，少数为半晶质或玻璃质岩石（图 3-6）。主要组成矿物有基性斜长石、辉石，矿物颗粒更加细小，并有一些玻璃质出现。岩石结构多为斑状结构、微晶质结构、气孔状杏仁状构造。

这类岩石可以是斑状的，也可以是无斑的，而且斑晶与石基相比在颗粒大小上一般相差不是很大。斑晶为橄榄石、单斜辉石和基性斜长石，它们有时同时出现，有时分别出现。石基的结构常为粗玄结构、含长结构等。

根据成分和结构特点，可将玄武岩分为：粗玄岩、中粒玄武岩、拉斑玄武岩、气孔状玄武岩等。玄武岩常形成熔岩瀑布、熔岩瘤、岩墙等。

图 3-6　　玄武岩

7. 闪长岩

闪长岩属于中性深成岩的岩浆岩，呈灰色，有时为灰绿色，是一种全晶质中粒至粗粒岩石（图3-7）。主要由斜长石和一种或一种以上的暗色矿物组成，暗色矿物以普通角闪石为主，有时含有黑云母或辉石。有时含有少量的石英、钾长石。其岩石结构为典型的柱粒状结构及半自形粒状结构，有时为似斑状结构和连斑状结构。常见的构造为块状构造、片麻状构造。

闪长岩和辉长岩的区别，首先在于斜长石的成分不同，闪长岩中的斜长石为奥长石、中长石，而辉长岩中的斜长石则为拉长石、倍长石；其次，闪长岩中的暗色矿物以角闪石为主，而辉长岩中的暗色矿物以辉石为主。这两点是区别闪长岩和辉长岩很重要的定性标志。

闪长岩在地质上，除形成独立的岩株、岩墙、岩床以及其他形状的侵入体外，还可形成辉长岩或花岗岩的局部岩相出现。闪长岩与闪长玢岩，有时甚至与安山岩成过渡关系。

图 3-7 闪长岩

8. 闪长玢岩

闪长玢岩是一种中性浅成岩的岩浆岩，呈深灰色、灰绿色，为具有斑状结构和闪长岩成分的脉岩（图 3-8）。主要组成矿物有斜长石、角闪石，次要矿物有黑云母、辉石、石英、钾长石。其结构多为斑状结构。

斑晶和石基中的斜长石多半为中长石，但有时石基中的斜长石偏酸性一些。斜长石自形程度高，并且往往显现出清楚的环带构造。闪长玢岩呈岩脉产出，或者在闪长岩侵入体的边部出现。

图 3-8 闪长玢岩

9. 安山岩

安山岩是一种中性喷出岩的岩浆岩，新鲜的安山岩可以有各种颜色，经过次生变化后多为绿色、淡褐色、灰紫色、灰黄色（图 3-9、图 3-10）。主要组成矿物为中长石、角闪石，次要矿物是黑云母、辉石、石英等。岩石结构为玻基斑状结构、气孔状构造、杏仁状构造。

安山岩的斑晶通常为斜长石的一种斑晶，或者同时兼含角闪石或辉石或黑云母斑晶。组成石基的矿物成分主要有斜长石，其次有辉石、不定量的玻璃质。常见的杂质有磷灰石和磁铁矿，有时在偏酸性的安山岩中可以见到锆石。

根据安山岩所含暗色矿物种属，可分为：含橄榄石安山岩、普通辉石安山岩、角闪石安山岩、黑云母安山岩等。安山岩常呈岩流和岩钟产出，此外，在火山岩区内还可形成岩墙和侵入岩床。

图 3-9 安山岩　　　　　　图 3-10 凝灰质安山岩

10. 花岗岩

花岗岩是一种酸性深成岩的岩浆岩，通常呈肉红色、浅灰色和灰白色，是一种显晶质粒状岩石（图 3-11、图 3-12）。主要矿物为石英、钾长石、斜长石，还含有黑云母、白云母、角闪石，副矿物有锆石、磷灰石、锡石、磁铁矿等。岩石结构一般为典型的花岗结构，有时为粒晶结构、文象结构以及似斑状结构和连斑结构。构造为块状构造，有时为片麻状构造和球状构造。

花岗岩中的斑晶一般为钾长石。根据自形程度分析，花岗岩中的矿物组合具有一定的结晶次序。一般来说，副矿物锆石、磷灰石等首先晶出，呈完整的小晶体，常为造岩矿物的包裹体；暗色矿物黑云母、角闪石等稍迟于副矿物，但基本上为自形晶；斜长石在暗色矿物开始结晶之后或结束之前晶出，常为半自形晶；钾长石和石英石最后结晶的矿物，呈他形晶。

图 3-11 花岗岩　　　　　　图 3-12 斑状花岗岩

11. 花岗斑岩

花岗斑岩属于酸性浅成岩的岩浆岩，是一种淡灰、淡褐色的斑状岩石（图 3-13）。主要矿物与酸性岩的深成岩相同。岩石结构是由长石和石英的相互关系来决定的，常见的结构有显微花岗结构、显微细晶结构、伟晶结构，岩石构造多为块状构造。

花岗斑岩中的钾长石和石英等斑晶常散布在显晶质微粒或显微晶质的石基中，石基的颗粒大小一般为 0.005～0.5 mm。根据花岗斑岩的矿物组合，可分为：钙碱性花岗斑岩、碱性花岗斑岩两种。花岗斑岩常呈岩脉和岩盖产出，或者作为花岗岩体的边缘相出现。

图 3-13　花岗斑岩

12. 流纹岩

流纹岩是一种酸性岩、喷出岩的岩浆岩，石基颜色一般都是淡色，罕见深色，往往带有不同的色调（图 3-14）。主要矿物与花岗岩、花岗斑岩相当。岩石结构为斑状结构、显微嵌晶结构、球粒状结构。流纹构造是流纹岩的一个特点，除此之外还常见块状构造，气孔构造少见。但气孔的形状与安山岩和玄武岩中见到的不同，大都是不规则的，这与酸性熔浆黏度大、气体不易逸出有关。

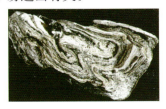

图 3-14　流纹岩

第四章　沉积岩

第一节　什么是沉积岩

沉积岩是在地表和近地表由风化作用、生物生长、火山喷发、地下水溶液、宇宙尘坠落产生的物质，经堆积（搬运）、成岩作用形成的地质体，曾被称为水成岩。

按沉积岩的形成过程可以分为两个不同的序列，即火山碎屑岩序列和陆屑化学岩序列。前者经历了搬运沉积风化成岩后生的顺序，后者经历了风化（搬运）堆积成岩后生的顺序，生物岩常常经历了更加复杂的过程。如碎屑岩（砾岩、砂岩、粉砂岩、冰碛岩等），碎屑来源区是一些较老的岩石，风化破碎，冰、水、风搬运堆积后而固结起来。也有化学沉积，如岩盐、石膏。而生物岩如石灰岩，是由动植物遗体的分泌物形成的，当然也有化学形成的。

沉积岩属地质体，是地球一定发展阶段的产物。与地球一定发展阶段相适应的岩石圈大气圈水圈的特征、因构造运动所决定的侵蚀区沉积区的自然地理环境，决定了岩石形成的因素（物质、介质动力、物理化学及生物因素）的重要差别，由于各种因素矛盾斗争的结果形成了不同岩性、不同岩相、不同构造的沉积岩。

第二节　沉积岩的物质成分

物质成分是沉积岩的基础，它与结构一起决定了岩石的描述类型。物质成分的研究对于找矿、地层划分、成因分析都起着重要的作用。按成因可将物质成分分为矿物组成和生物组成两大类。

沉积岩的矿物组成是由机械的或物理化学的沉积作用产生，主要分为碎屑矿物、自生矿物、次生矿物。如黏土矿物、氢氧化铝矿物、磷酸盐矿物等都属于次生矿物。

沉积岩的生物组成虽然也是由矿物组成的，但这些矿物是作为生物体的组成部分出现的，是由于生物体堆积或堆积以后变化形成的，如碳酸盐岩、硅质岩、煤等。

第三节　沉积岩的结构与构造

沉积岩的结构是指其结构组成部分的形态和大小。根据结构组分的种属可将一般的沉积岩（除煤外）结构分为六种：火山碎屑结构、正常碎屑结构、泥质结构、晶粒结构、聚结粒状结构、生物结构。这六种结构为沉积岩中最常见的结构，它们也可以混杂在一起形成过渡类型的结构。

沉积岩的构造是指结构组分在沉积岩中的分布和排列的特征。根据成因可以将沉积岩的构造分为生物构造和非生物构造两大类，其中非生物构造又包含层理构造、层面构造、层内构造、变形构造。

第四节　沉积岩的类型

沉积岩分类有两种方式，即成因分类和描述性分类。描述性分类（表4-1）是指按岩石的矿物成分结构构造来划分岩性类型，比成因类型更容易被确定，因此在地质实践中得到广泛的应用。

表 4-1　沉积岩的描述类型

大类	岩石类
火山碎屑岩	粗火山碎屑岩、凝灰岩
陆源碎屑岩	砾岩、砂岩、粉砂岩
黏土岩	水云母黏土（岩）、高岭石黏土（岩）、蒙脱石黏土（岩）
固体可燃矿产	煤、沥青
化学岩及生物化学岩	铝质岩、铁质岩、锰质岩、硅质岩、磷块岩、海绿石、钾长石岩、沸石、钙镁碳酸岩
蒸发岩	硼酸盐岩、硫酸盐岩、盐岩

1. 火山碎屑岩

火山爆发形成的碎屑经过空气或水介质搬运沉积，再经过固结就产生了火山碎屑岩，按堆积环境可以划分为水下和陆上两大类。水下火山碎屑岩若没有受到强烈的风化，通常具有绿色色调，并具有较清晰的层状构造和韵律分选，碎屑多呈平行层理分布；陆上火山碎屑岩在堆积前后因受到较强烈的氧化，常呈紫、褐、红、黑、白等颜色，由于堆积快，没有经过多次洗选所以缺乏明显的层理。

火山碎屑岩是火山岩建造中的一个重要成员。在垂直方向上，它与熔岩、沉积岩相间更迭；在水平方向上它虽也出现在火山岩内部，但常常分布在火山岩与正常沉积岩的过渡地带。因此火山碎屑岩与熔岩及正常沉积岩之间的混积现象十分普遍。

2. 陆源碎屑岩

陆源碎屑岩是指由受地表机械力，如风化、重力、地震、冰、风、水流等作用产生的碎屑，这些碎屑与胶结物（在碎屑间分布的黏土矿物和化学沉积物称为胶结物）组成陆源碎屑岩，也称陆屑岩。陆源碎屑岩按碎屑总量 50% 以上或占主要地位的碎屑的大小分为粗陆源碎屑岩（碎屑>2 mm）、砂岩（碎屑 2～0.1 mm）、粉砂岩（碎屑 0.1～0.01 mm）。

内碎屑或盆屑是指水盆地内已固结或弱固结的沉积岩在水下受地质营力（水动力、重力、地震等）破坏形成的碎屑，由于盆屑是在沉积时形成的，所以有人称其为同生碎屑或准同生碎屑。

由于盆屑岩与产生它的母岩有密切关系，不应当把它与母岩分割并列，可见，陆源碎屑岩既包括一般地陆屑岩，又包括这些碎屑岩在盆地内受冲刷形成的盆屑岩。

3. 黏土岩

以黏土矿物（高岭石、蒙脱石、水云母等）为主要成分的沉积岩属于黏土岩，它们在沉积底层中分布最广，约占沉积岩总体的一半以上。在成因上可以是机械沉积岩、胶体，介于碎屑岩和化学岩之间。按固结程度和构造点可将黏土岩分为黏土、黏土岩、泥岩和页岩。

黏土和黏土岩是有区别的，黏土是未固结或固结极弱的黏土岩类，它们像土块一样在水中可以崩解，用手指可以搓散。大部分黏土具有较高的可塑性，黏土矿物直径均小于 0.01 毫米，几乎没有重结晶；而黏土岩是指固结的没有页理构造的黏土岩类，用手不能搓碎，水中也不能泡软，可塑性差，重结晶程度不等，由泥状的或显晶质的矿物组成。

泥岩是指经过较强的后生作用的黏土岩，并经过了水云母（强后生）阶段。页岩是具有能沿层理面分裂成薄片或具有极薄层理的黏土岩，它的固结程度高，重结晶较显著，黏土矿物主要由水云母组成，多形成于强后生阶段。

4. 化学岩及生物化学岩

这是一类由化学沉积、生物化学沉积、生物沉积构成的岩石。它们的形成除了受物质来源、地理状况影响外，还受各种物理化学条件的严格制约。

第五节　常见的沉积岩实例

1. 火山碎屑岩

火山爆发形成的碎屑经过空气或水介质搬运沉积，再经过固结就产生了火山碎屑岩，它由岩屑、晶屑、玻屑、火山灰等组成，凡含火山碎屑物达到 10% 以上者称火山碎屑岩。它与沉积岩有一定的过渡关系，是沉积岩与火山岩过渡的一类岩石。按堆积环境可以划分为两类：一是陆上火山碎屑岩，由大陆火山爆发产生，由于其堆积前后在空气中受到了较强烈的氧化，常呈紫、褐、红、灰、白等颜色，由于堆积快，没有经过多次洗选所以缺少明显的层理，按成岩方式又可划分为普通火山碎屑岩和熔结火山碎屑岩，前者以普通的方式胶结成岩，后者由炽热的火山碎屑熔结成岩；二是水下火山碎屑岩，由水底喷发或陆上搬运来的火山碎屑岩沉积在水盆地内形成，它们常具有较清晰的层状构造和韵律分选，碎屑多平行层理分布，如果岩石没有受到强烈的风化，通常呈绿色色调（图 4-1）。

图 4-1　火山碎屑岩

2. 砾岩

砾岩是一种由粒径大于 2 毫米的圆状、次圆状砾石经胶结而成的碎屑岩（图 4-2、图 4-3）。砾石之间的填隙物为砂、粉砂、黏土物质及化学沉积物。砾石的定向排列是砾岩的典型构造特征。按成分的复杂程度可分为单成分砾岩、复成分砾岩；按成因与形成时的环境可分为滨海砾岩、河流砾岩、洪积砾岩等；按它在地质剖面上的分布位置可分为层间砾岩和底砾岩。

图 4-2　砾岩 1　　　　　　　图 4-3　砾岩 2

3. 砂岩

砂岩是一种已固结的碎屑沉积岩，其中粒径 0.1～2 毫米的砂粒含量占 50% 以上，其余为基质或胶结物。砂粒的主要成分为石英、长石、云母、岩屑等，胶结物为硅质、铁质、钙质。按砂岩中碎屑的主要颗粒大小可分为粗粒砂岩（图 4-4）、中粒砂岩、细粒砂岩（图 4-5）和不等粒砂岩；按砂粒和黏土的含量可分为石英砂岩、长石砂岩、岩屑砂岩等。

图 4-4　粗沙岩　　　　　　　图 4-5　细砂岩

4. 泥岩

泥岩是一种成分复杂，层节理不明显的块状黏土岩，由弱固结的黏土经压固作用、脱水作用、微弱的重结晶作用形成。红层有少量泥岩分布。暗色泥岩，如黑色泥岩常含有机质，是良好的生油岩系（图 4-6）。

图 4-6 泥岩

5. 页岩

页岩是一种成分复杂具薄页状或薄片状层节理的黏土岩，是弱固结的黏土经较强的压固作用、脱水作用、重结晶作用后形成。用锤打击时很容易分裂成薄片。颜色有很多种：绿色、黄色、红色等。它的成分除黏土矿物外，可能混入石英、长石等碎屑矿物及其他化学物质。页岩可分为钙质页岩、铁质页岩、硅质页岩、黑色页岩、碳质页岩、油页岩等，其中油页岩是一种棕色或黑色层状页岩，含有液态及气态的碳氢化合物，含油率一般为 4%～20%，最高可达 30%，质轻具有油腻感，用指甲刻划时，划痕呈暗褐色，用小刀沿层面切削时，常呈刨花状薄片，用火烧时冒黑烟，且有油味，根据以上特点可与碳质页岩相区别。

6. 石灰岩

石灰岩是一种以方解石为主要组分的碳酸盐岩，常混有黏土、粉砂等杂质（图 4-7）。呈灰或灰白色，性脆、硬度不大，小刀能刻动，滴稀盐酸会产生剧烈气泡。大部分石灰岩常具有各种层状构造，少数可具有块状结构，多数石灰岩具有隐晶或细微晶结构，因此比较致密。按成因可分为粒屑灰岩、生物灰岩、化学灰岩等。其中生物灰岩是由（非骨架的）完整的生物个体、生物分解形成的碎片与其间的方解石泥晶胶结物组成，通常与泥晶灰岩形成各种过渡类型。由于石灰岩易溶蚀，所以在石灰岩发育地区，常形成石林、溶洞等优美风景区。

图 4-7 石灰岩

　　7. 硅质岩

　　硅质岩是以 SiO_2 为主要成分的岩石（图 4-8），经过化学或生物化学沉积作用或某些火山作用形成。其主要矿物成分是蛋白石、玉髓及自生石英，具有隐晶质和非晶质的结构。硅质岩常呈薄层状或结核状构造，主要有蛋白石等。

图 4-8　硅质岩

　　应当说明的是，沉积岩非常复杂，从沉积岩相中可以判断它生成的年代及其当时的地质环境和气候变化等。

第五章　变质岩

第一节　什么是变质岩石学

变质岩石学是地质学中研究变质岩的一门基础学科。它的主要内容包括：研究不同类型变质岩特征及其在时间和空间上的分布规律；探讨不同类型变质岩的成因和形成条件；寻找与变质岩有关的各种矿产等。

何为变质作用？

地壳中原来的岩石由于受到构造作用（运动），岩浆活动或地壳内热流的内动力的影响，以至于它们的矿物成分、结构构造（有时还有化学成分）发生了不同程度的变化，这些变化的总称为变质作用。

岩石受地质作用，由一个地质环境转到另一个地质环境时，原有岩石与其周围介质所保持的平衡发生了变化，使之向着新环境的新平衡转化，于是岩石的矿物、组成及结构可能发生如下的几种变化：再结晶和重结晶作用、变形与碎裂作用、变质分异作用、交代作用。

再结晶：在固体状态下由细小的晶体转化为较为粗大的晶体的过程称为再结晶。

重结晶：晶体的一部分物质转入晶体所处的母液中，然后又回到晶体上，使晶体又复长大或重新生长的过程称为重结晶。

变质分异作用：从一种均匀原始的"母岩"生成不同组成矿物组合的各种过程，称为变质分异作用。

交代作用：有物质成分的加入或带出的作用，称之为交代作用，整个过程是在有溶液参与的固态环境下进行的。

第二节　什么是变质岩

变质岩是由变质作用所形成的岩石。它一方面具有原岩特征的继承性，另一方面又产生了一些新的矿物和结构构造。变质岩在我国分布很广，前寒武纪以前大部分岩石都是变质岩，在古生代以后的地层绝大多数地层都受到了变质作用影响，形成各种不同类型的变质岩。

第三节　变质岩的结构

1. 变余结构

变余结构又称"残留结构"，指变质岩中由于重结晶作用的不完全，仍保留有原岩的结构特征。例如，原来沉积岩中的砾状结构、砂状结构，原来岩浆岩中的斑状结构、辉绿结构，有时在变质岩中仍被保留下来。变余结构包括：变余砾状结构、变余砂状结构、变余斑状结构和变余辉绿结构。

2. 变晶结构

变晶结构指在变质作用中，原来的岩石在重结晶和再结晶作用下所形成的结构。由于原岩石基本是在固态条件下由各种矿物基本同时结晶而成，因此具有明显的定向性。根据组成矿物的形态，变晶结构可以分为：粒状变晶结构、鳞片变晶结构、纤状变晶结构等。

3. 交代结构

交代结构指变质作用或混合岩化作用过程中，由交代作用形成的结构。结构特点是既可以置换原有矿物，保持原有矿物的晶形，又可以由交代重结晶方式形成新矿物，产生一系列特征的交代结构。根据形态不同可分为：交代假象结构、交代残留结构、交代条纹结构、交代蠕虫结构、交代斑状结构等。

4. 破碎结构

破碎结构指岩石受定向压力超过弹性限度时，其本体就会发生破裂、移动、磨损等现象，是动力变质岩的一种结构。结构特征是矿物颗粒被外力压碎成外形不一的碎屑或粉末，并常具裂隙、波状消光等现象。按碎裂程度可分为：碎裂结构、碎斑结构、糜棱结构。

第四节　变质岩的构造

构造是岩石中各种基本单位，即矿物或矿物集合体的空间分布及排列的特征。变质岩的构造主要分三类：变余构造、变成构造、混合岩构造。

（1）变余构造：经变质后仍然保留部分原岩石构造的特征，如沉积岩的残留层理、岩浆岩的气孔和杏仁等。主要有：变余层理结构、变余波痕结构、变余气孔构造、变余杏仁构造等。

（2）变成构造：是指变质过程中所形成的构造，主要有斑点构造、板状构造、千枚状构造、片状构造、条带状构造、块状构造、平行构造等。

（3）混合岩构造：如网脉状构造、眼球状构造、肠状构造、条带状构造和条痕状构造、片麻状构造、云雾状构造等。

第五节　变质岩的分类

变质岩的组成形态与变质作用的物理、化学条件和变质相是非常密切的，综合变质作用类型、化学分类、组构和变质相，将变质岩分为五大类：动力变质岩、气成和热液变质岩、接触变质岩、区域变质岩、超变质岩（混合岩）。

（1）动力变质岩：是一种受动力变质而形成的岩石，它们通常处于构造带附近，岩石以破碎变形作用为主，定向压力起主要作用，变形过程中，岩石结构、构造、矿物成分有时也会发生一定的变化。如碎裂岩、糜棱岩、千糜岩等。

（2）气成和热液变质岩：当岩浆残余溶液或含矿溶液与各种岩石起化学作用，使之在成分上部分或全部发生变化成为气成或热液变质作用，所形成的变质岩石称气成和热液变质岩，也称蚀变岩。由气成和热液作用所形成的岩石主要特点是：受变质岩石中含有大量的挥发组分和矿化剂，如 H_2O、CO_2 和 Be、Li 等；大量含挥发组分矿物的出现；原始岩石组成及结构的残留，如蛇纹石、滑镁片岩等。

（3）接触变质岩：接触变质作用发生于岩浆岩与围岩的接触带附近，围岩受岩浆所散发的热量影响，发生重组合和重结晶，形成新的岩石，有时还伴有交代作用，引起化学成分的变化。当以温度升高为主时，围岩产生吸热化学反应及重结晶，出现新的矿物组合和结构，称为接触热变质作用；由于热量影响和挥发分的交代作用，可使接触附近的侵入体和围岩的化学成分发生变化，称为接触交代变质作用。代表岩石有接触大理岩、角岩、接触片岩、夕卡岩等。

（4）区域变质岩：是岩石在大范围、温度增高及定向压力的参与下，经过较长时间的重结晶、变形，有时伴随变质分异或交代作用的一种变质岩。区域变质作用是多种变质因素的综合作用，它们的相互关系较为复杂，而且随着活动地带的地壳发展，在不同阶段和不同空间具有不同的特点。代表岩石如板岩、千枚岩、片岩、片麻岩等。

第六节　常见的变质岩实例

（1）碎裂岩：遭受较强烈破碎后所形成的一种动力变质岩（图 5-1）。主要由较小的岩石碎屑和矿物碎屑组成，有时可形成少量绢云母、绿泥石等新生矿物。岩石一般具有碎裂结构、碎斑结构及块状构造。

图 5-1　碎裂岩

（2）糜棱岩：是一种粒度较细的动力变质岩（图 5-2）。主要由细粒的石英、长石及少量新生矿物所组成，矿物碎屑的粒度一般小于 0.5 毫米。岩石一般具有类似流纹的条带状构造，岩性致密坚硬。

图 5-2　糜棱岩

（3）大理岩：由灰岩和白云岩经过高级接触变质作用，产生的粒状岩石（图 5-3）。主要由等轴粒状的方解石或白云母组成镶嵌结构。岩石特点：常为致密状或均粒状，矿物分布较均匀。

图 5-3 大理岩

（4）板岩：具有特征板状构造的区域变质岩（图 5-4）。由黏土岩、粉砂岩或中酸性凝灰岩经轻微变质作用而形成。岩石具有变余结构和变余构造，外表呈致密隐晶质，矿物颗粒很细，肉眼难以鉴别。

图 5-4 板岩

（5）千枚岩：具有典型的千枚状构造的区域变质岩（图 5-5）。由黏土岩、粉砂岩或中酸性凝灰岩经低级区域变质作用所形成，变质程度比板岩稍高。主要由细小的绢云母、绿泥石、石英、钠长石等新生矿物组成。岩石一般为细粒鳞片变晶结构，片理面上具有明显的绢丝光泽，并常具有皱纹构造。

图 5-5 千枚岩

（6）片岩：具有明显片状构造的区域变质岩（图 5-6）。一般以云母、绿泥石、滑石、角闪石等片状或柱状矿物为主，并呈定向排列，粒状矿物主要为石英和长石。具较粗的鳞片变晶结构或纤状变晶结构，矿物颗粒肉眼易于分辨。

图 5-6　片岩

（7）片麻岩：是由沉积岩、岩浆岩、变质岩经过高级变质而来的一种岩石（图 5-7、图 5-8）。典型的片麻岩是含长石、石英、暗色矿物三者大致相当并且具有特征的片麻状构造的岩石。

图 5-7　片麻岩 1　　　　　　　　图 5-8　片麻岩 2

（8）蛇纹岩：由超基性岩经过低温热液交代作用或中低级区域变质作用，使原岩中的橄榄石和辉石发生蛇纹石化而形成。主要由各种蛇纹石组成，还含有磁铁矿、水镁石及少量的透闪石、滑石等。岩石一般呈黄绿色至黑绿色，致密块状，硬度较低，略具滑感（图 5-9）。具有网纹状构造，外表像蛇皮花纹。

图 5-9　蛇纹岩

第六章　常见岩石的鉴别

第一节　鉴别常见岩石方法

地球上的岩石有很多种，怎样准确地确定出它们的名称和成因，如何进行简单的鉴别？本章将介绍几种简单的识别岩石的方法，也为中小学教师、学生及岩石爱好者提供一些基本的鉴别岩石的知识。

首先看颜色。一般来说颜色分三类：深色、中等色和浅色，深色一般指绿色、灰绿色、深褐色、褐灰色，还有黑色；中色如麻灰色、浅灰色、灰色；浅色的有浅肉红色、灰白色、白色等。

其次看矿物。矿物是组成岩石的基本单位，因此鉴别岩石要观察其组成矿物，如橄榄石、辉石、长石、石英、云母等，还有一些肉眼分不清的隐晶质、微晶质体，以及一些分布不均匀的气孔中的填充物，如白色的方解石、绿色的绿泥石斑点等。

第三看结构。组成岩石的矿物排列情况叫作岩石的结构，是鉴别岩石的重要特征。如由全自形粒状的矿物组成的结构叫自形粒状结构；也有些矿物是一颗一颗晶形完全互相紧密接触；由辉石、斜长石互相嵌接并完整地保留各自晶形的叫辉长结构；还有些长石呈半自形状，长石的空隙由不规则的石英填充的结构叫花岗结构；有些岩石中的斜长石矿物和其他一些石英等矿物结晶大小极不均匀、结晶完整且较大矿物分布在结晶细小的矿物群体中的结构称为斑状结构；还有些岩石可以看到砂粒和砾石混在一起，也有的全为砂子，这些砂粒、砾石经过地质上的压实，胶结成砂砾结构或砂状结构。

最后看构造。岩石的构造是岩石中同一种矿物的分布情况，如矿物分布得很均匀就称块状构造；如果呈条带分布则称条带状构造；在岩石中有一部分矿物集中呈片状分布称为片麻状构造。

根据上述对岩石的鉴别方法，简单总结为：颜色、组成矿物、结构、构造。

第二节　鉴别岩石的实例

实例1　岩石呈浅肉红色，矿物为半自形粒状，具有块状构造。

颜色为浅色类的肉红色岩石，其矿物组成可能有石英、长石、云母等；若长石呈半自形粒状，且长石空隙间分布着石英，这是典型的花岗结构；整体看矿物分布均匀为块状结构，则此岩石为花岗岩。

实例2　岩石整体呈麻灰色，内部有暗绿色的板条状纹路。

岩石呈麻灰色或绿色，且矿物形状大多为长条状，则该岩石的组成矿物可能为斜长石；观察岩石内部，若发现有暗绿色板条状矿物则为辉石；辉石和斜长石相互交错镶嵌出现则是辉长结构，若同时呈现出块状构造，则该岩石一定为辉长岩。

实例3　岩石的组成矿物大小不一，大颗粒矿物有棱有角。

观察岩石内部发现，其组成矿物的颗粒大小差别很大，且大颗粒矿物有棱有角，说明其结晶较好，能呈现出一定的形状；岩石中可能混杂一些肉眼几乎看不出形状的小矿物基质，则此岩石为岩浆岩中的浅成岩的斑岩类。

值得一提的是，若一块岩石呈现出辉绿色、灰褐色、褐色，矿物不能分辨得很清楚，但岩石结构致密、坚硬，这类岩石多半是岩浆岩。它是火山爆发喷出地表或溢到地表的岩浆凝固成的，若进一步确定它为何种岩石，则需要借助专业仪器，在偏光显微镜下仔细观察。

实例4　登乌鲁木齐红山时，发现整个山都是红彤彤的石头。

乌鲁木齐的红山主要由红色的岩石构成，因此得名红山。观察红山上的岩石，可以判断出岩石是由长石、石英、砂粒等组成，并且砂粒经过压实胶结成砂状结构，岩石微显层理状构造，由此可以判定红山上的岩石大部分为砂岩。

实例5　乌鲁木齐石人沟两边的山体由很多呈板状的岩石层叠而成。

石人沟位于乌鲁木齐市东面，经过长期的地质变化，形成一条风景优美的山沟。仔细观察山体中板状的岩石，会发现它们是粉砂子被胶结成很坚固的岩石，用石头敲能听到"当当"的响声，这些岩石是由泥沙经过地质上的压力和胶结作用形成的变质程度不深的板岩。

　　掌握了上述简单鉴别岩石的方法，对于常见的岩石就可以对号入座了，地球上的岩石千百种，但大体上都能归为三大类：岩浆岩、沉积岩、变质岩。当然这三大类岩石中的每一类又划分为不同的类型，此处不再赘述。认识岩石关键是要多看、多记、多思考、多对比，找出它的规律性，那么辨别岩石就变得简单易行了。

第三节　　野外岩石标本采集方法

　　（1）采取标本的目的：研究、分析、珍藏、实验、对比，是永久性的资料。

　　（2）标本规格：一般规格为：2厘米×5厘米×8厘米；3厘米×6厘米×9厘米；6厘米×12厘米×18厘米。但不是绝对的，特殊用途的标本要特殊采集，如构造标本、化石、矿物晶体等。

　　（3）要求：详细记录地点、日期、岩石名称、采集人，最好保持两个新鲜面，不能有太多锤痕。保持一个风化面，必须具有地区、岩层代表性。如火烧山岩石是红色的，不能只采集奇特的、白色的标本，这与采取奇石截然不同。必要时对采集点可照相、录像等。

　　（4）采集标本种类：气体、液体、固体，固体中除岩石之外还有化石、矿物晶体、构造岩等等。一定要采取不同的方法采集，注意矿物晶体及化石标本的完整性。

　　（5）回到室内要进行详细编录、补充野外原始记录。因野外条件限制，不能详细编录的，回到室内一定要及时整理。

　　（6）包装一定要有序。标本不同，用不同的包装方法，装箱一定要压实，孔隙处塞上废纸或细沙。

　　（7）野外记录最好用铅笔，选纸张质量较好的笔记本，以免潮湿、水泡、雨淋。

　　（8）采集重要标本时，最好对其采集地点绘制野外素描图，以显示标本的层位、在原岩石露头的位置。

第七章　宝石和玉石

第一节　何为宝石

提到"宝石"二字，总会让人联想许多美好的词汇，"美丽""珍贵""吉祥""高尚""幸福""闪亮"……人们都渴望得到一颗或几颗属于自己的宝石以满足自己的欲望，在如此渴求的心态下，往往也给宝石披上了一层神秘的面纱，笼罩上了层层迷雾，感到宝石是神秘莫测的。那么究竟什么是宝石呢？我想读者一定很希望了解"宝石的秘密"。

其实宝石并不神秘，实际上它就是一块珍贵的石头，但是这种石头必须具备下面几个条件才能称之为宝石。

美丽是宝石必备的条件之一。人们对宝石产生好感的原因就在于它的美丽。宝石的美丽包括许多条件：首先是颜色要纯正，达到不偏不邪、不浓不淡、不俏不素的一种"纯净"程度，也就是说：红要红得纯正，绿要绿得新颖，蓝要蓝得素净，令人看了赏心悦目。其次是透明度要高，用宝石界的行话来说必须要水头好。最后是光泽要鲜艳，通常人们认为以金刚光泽为最佳，其光泽在阳光的照耀下熠熠生辉。一般对宝石的光泽要求为柔和、纯洁、滋润……有人形容宝石散发的光泽就像多情少女的眼睛向你暗送秋波一般，让人望一眼就有心醉的感觉。

坚硬是宝石必备的另一个重要条件。宝石不仅是美丽的代名词，更是一种财富的象征，人们不但欣赏它的美丽，更注重其保存价值和留传后世的"使命"。可以设想一块宝石再美丽，如果可以任意用刀切斧砍，那还能称它为宝石吗？就宝石来说越硬其身价也越高；世界上最硬的东西（矿物）莫过于金刚石（钻石），通常情况下其价值也最高。红、蓝宝石硬度仅次于金刚石，因此也被列入了名贵宝石之列。

稀有性是宝石必须具有的第三个条件，如果一种石头很美丽，也很坚硬，可是遍地都是，人人都能随便得到它，那么这种石头就失去了成为宝石的身价了。"物以稀为贵"，越是稀少，人们得到它的欲望也越强烈，越能激发人们的占有欲，这种石头的身价也就越高，那么它也就不是一块普通的石头了。

宝石还必须具备稳定性，在自然条件和特殊的环境中都具有十分稳定的性质才能称为宝石。可以试想，一块石头很美丽、很坚硬、很稀少，但它一遇热就蒸发掉了，一遇冷就冻裂了，遇到酸、碱就立即起了化学变化，这也不能称之为宝石。宝石所具备的优良品质之一就是不随自然环境变化而变化。当然宝石还必须有它的公认性，只你一个说好，大家不承认是宝石也不行……

如果以上条件都具备的石头，不称它为宝石又该称它什么呢？简而言之，宝石就是一块美丽、坚硬、稀有、物理化学性质稳定的矿物或岩石，这就是宝石的全部"秘密"。

第二节　宝石实例

1. 钻石

没有经过加工琢磨的原石叫金刚石，经过加工琢磨后能作为首饰上市者才能称为钻石（图 7-1、图 7-2）。现在有些人索性将钻石称为"金刚钻"，还有些人对二者不加以区分。严格地讲能加工成钻石的金刚石并不多，钻石是众多金刚石中的佼佼者。能成为钻石的金刚石普遍称为"宝石金刚石"。

钻石之所以特别珍贵，是因为它充分具备了宝石所具有的一切条件。首先是它的硬度特别大，是自然界中最坚硬的物质。其次是它特别稀少，据统计，世界上已发现的重量超过 100 克拉的宝石金刚石仅有 1900 多颗。最后钻石的折射率很高，达到 2.4 以上，它能把从不同方向射入其内部的光几乎全部再反射出来，因而使整个钻石散发出耀眼的光芒，显得五颜六色、绚丽多彩。

怎样去识别钻石？

首先钻石是世界上最坚硬的矿物，琢磨成型的戒面不会有起毛现象。另外观察戒面亭部面的反光，钻石具有很强的"光彩"，但亭部的其他小刻面的反光总是有明有暗。而赝品钻石的亭部面反光往往都是明亮的，这主要是真钻石的折光率大的原因。

其次钻石具有很强的吸附性，对油脂和污垢具有一定的亲和力，用手指抚摸钻石会感觉到一种胶黏性，而抚摸后的钻石表面似乎有一层油污，这是赝品所没有的。

最后钻石的导热性很强，用镊子将钻石放在自己的舌尖上，若有清凉的感觉则是真钻石。值得一提的是，纯净无瑕的钻石是极少的，一般都有这样或那样的缺陷，若遇到纯净无瑕者则更要仔细甄别。

图 7-1　钻石 1

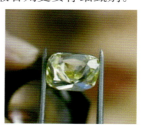
图 7-2　钻石 2

2. 红宝石

过去人们把凡是带有红色的宝石统称为红宝石（图 7-3、图 7-4），如芙蓉石、红碧玺、红尖晶石等，其实红宝石是专属于矿物学中的红刚玉，它是一种昂贵的宝石，它因颜色深浅不同又分为："鸽血红""玫瑰红""水红"等等，其中以鸽血红为公认的上品。

红宝石一般颗粒都很小，达到 1 克拉的不多见，大于 5 克拉的则为罕见之物，天然的红宝石其价值往往高于钻石，一般很难得到，可是市场上却有大量的"红宝石"在出售，这是由于科技的进步，人们已能合成红宝石，有的甚至达到真假难辨的程度。

红宝石具有这样的特征：化学成分为 Al_2O_3，并含有少量的铬、铁、镍，硬度为 9，折光率为 1.77，在显微镜下观察一般可见平直或带拐角的生长线。红宝石的一个重要的鉴别特征是内部包体，常有针状的金红石或"丝"状物，有些有液体状的包体呈片状分布，有些人称为"羽"状物，还有些有锆石、尖晶石、赤铁矿磷灰石等矿物包体。

红宝石与合成红宝石主要靠内部的包裹体和生长纹及具有强的荧光性去区分。合成红宝石多为纯净无瑕和具有弧形的生长纹，并往往具有各种形态的气泡，这些与红宝石截然不同。

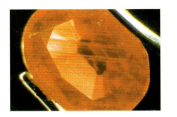

图 7-3　红宝石 1　　　　　　　图 7-4　红宝石 2

3. 蓝宝石

蓝宝石和红宝石都是红刚玉，属同质异相类矿物。蓝宝石的主要化学成分是 Al_2O_3，因矿物中含微量元素的不同而引起矿物间的颜色异样（图 7-5、图 7-6）。一般说，红宝石中含有微量的铬，而蓝宝石中则含有微量的铁和钛，绿色者含有钒和钴，褐色者含有锰和铁。蓝宝石主要产于碱性岩浆矿床或碱性伟晶岩脉晶洞中。

蓝宝石很少有大颗粒，一般 10 克拉的就很少见，颜色纯正、质地透明者为上品。蓝宝石按颜色的深浅可分为：洋蓝、明蓝、滴水蓝、浓蓝、紫蓝、青蓝、黑蓝、灰蓝、水蓝等，其中最好的蓝色人们称之为"矢车菊蓝"，如雨后的晴空那样湛蓝。蓝宝石有时可产生美丽的六射星光，称为"星光蓝宝石"，其价值更高。

蓝宝石和人造蓝宝石的区别在于内部缺陷的差异。蓝宝石具有明显的平直或带拐角的生长纹（色带），包体复杂、形态多变、光泽鲜亮、颜色柔和。人造蓝宝石从台面上观察能见到一些绿色的多色性、内部洁净、包体单一，有时还可以看到圆球状的气泡，外观表面似针状的极细微物，色带呈弧形。

图 7-5　蓝宝石　　　　　　　图 7-6　星光红蓝宝石

4. 祖母绿

祖母绿是四大名贵宝石之一，为翠绿色，透明或半透明，是绿柱石矿物的一种（图7-7、图7-8）。之所以呈现出美丽的翠绿色，主要是因为它其中一些微量的铬元素代替了原矿物中的一些铝元素。祖母绿一般所含0.15%～0.2%的三氧化二铬，颜色随着铬含量的增加而越加浓艳。

祖母绿属六方晶系，通常为六边形柱状晶体，摩氏硬度为7.5，脆性高，晶体内常出现平行于晶体地面的解理纹，抛光后呈现出玻璃光泽。

祖母绿非常稀少珍贵，重0.2～0.3克拉者即可镶嵌成高级首饰，19世纪40年代合成祖母绿问世，由于技术的不断提高，合成祖母绿和天然祖母绿非常相似，须仔细观察：根据其折射率的不同，在查尔斯滤镜下，天然祖母绿一般呈粉红色，人造祖母绿通常呈鲜红色；在显微镜下观察，天然祖母绿内的包体为矿物结晶体，还有液态或气态包体，很难找到毫无瑕疵的天然祖母绿晶体；人造祖母绿则就有典型的网状纹、硅铍石晶体及烟雾状包裹体等。

图7-7　祖母绿1　　　　　　图7-8　祖母绿2

5. 海蓝宝石

"海蓝宝石"从名称上就可以知道，它似海水一样湛蓝透明（图7-9、图7-10），传说海蓝宝石是万年海水之精灵凝聚而成的，现人们把海蓝宝石视为"勇敢之石"，也有人把它看作是永葆青春的标志。

实际上海蓝宝石和祖母绿同属绿柱石矿物类，硬度多为7.5，比玻璃要硬些，折光率为1.577，海蓝宝石呈现出玻璃状光泽，断口通常呈贝壳状，大部分有包裹体和蝉翼状的生长纹，以透明、无瑕、色浓者为最佳。

因海蓝宝石的产地较多，数量也大，其价格远不如祖母绿那样昂贵，属于中档宝石之列。海蓝宝石以它的"海蓝"、透明、洁净颇受消费者的喜爱，目前没有人造海蓝宝石的信息，但通常能看到用蓝色托帕石、人造尖晶石、人造锆石、蓝玻璃等假冒海蓝宝石。要区别它们并不难，海蓝宝石中所拥有的包裹体形态、矿物、棉、蝉翼是其他仿制品所没有的，也可以根据海蓝宝石的硬度、比重、折光率等物理、化学性质的特点加以鉴别。

图 7-9　海蓝宝石 1

图 7-10　海蓝宝石 2

6. 碧玺

碧玺在我国古代称为"碧洗"，在俄罗斯则称为"西伯利亚宝石"，它的矿物名称叫作电气石，因用绸布摩擦后一端带正电，一端带负电而得名。它属于三方晶系，硬度为 7～7.5，颜色有绿、蓝、粉红、玫红等（图 7-11、图 7-12），其中透明度高，具粉红、绿色者是相当名贵的宝石。主要产于花岗伟晶岩及高温热液石英脉中。

电气石矿物中因含微量元素的不同而呈现出各种颜色：有些碧玺一头是桃红，一头是碧绿，真正达到了桃红柳绿如诗如画的意境；也有的碧玺外皮呈碧绿，中间是桃红，若雕刻成西瓜形态真可以说是价值连城。

碧玺是新疆主要的宝石品种之一，属于中档宝石之列，但也经常出现一些赝品，常用绿色玻璃和绿色水晶冒充，利用碧玺最大的特点——二色性就可以轻易鉴别真伪。

图 7-11　红蓝电气石　　　　　图 7-12　蓝碧玺

7. 石榴石

石榴石又称为"紫牙乌"，实际上这是一种印度的音译。在外国也有称它为"种子石"的，后来人们发现它的样子很像石榴籽，就逐渐称它为"石榴石"。人们喜欢用石榴石砾石做猎枪子弹，他们坚信石榴石神奇的色彩会使敌人或猎物遭到致命的打击；还有人认为石榴石有治病救人的奇效，红石榴石可以治愈病人的高烧，黄石榴石可以治愈病人的黄疸等。

石榴石的比重为 4.0，折光率为 1.80，硬度为 7，是一种菱形十二面体或四角三八面体的晶体。

矿物学上的石榴石有三大系列，六大成员，它们同属于石榴石这个矿物大家族。镁铝石榴石常见于金伯利岩中，实际上它是金刚石的"卫队"，多呈玫瑰红、血红和紫红色。而铁铝石榴石常出现在中、高级变质岩中，多呈棕红、褐红、深红色。钙铝石榴石多因含铬而呈现出鲜绿色。还有一种钙铬石榴石以艳亮的草绿色获得人们的真爱。

石榴石以物美价廉的特点颇受消费者的喜爱，人造石榴石也应运而生，在选购时要注意观察和鉴别。石榴石与人造石榴石主要是靠硬度和比重来区分，可以用黄玉片作为标准，在黄玉片上进行刻划试其硬度；另一点就是石榴石中有石棉纤维包体，而人造的石榴石则往往是无瑕、无包体、洁净度很高的。（参见图 1-8、图 1-9）

8. 紫晶

紫晶是一种艳紫色的宝石（图 7-13）。在我国古代就有佩戴紫晶首饰的习惯，认为佩戴它可以招财进宝、逢凶化吉。欧洲人则认为紫晶可以醒酒，若喝醉了酒，只要把一块紫晶放在身边，醉意就会立即消除，他们常常在赴盛大宴会时戴上紫晶项链或紫晶戒指以防醉倒。

紫晶和水晶一样，在矿物上都属于石英，紫晶只是普通的水晶含有微量的其他元素而表现出颜色不同。它们的化学成分都是 SiO_2，紫晶硬度为 7，比重为 2.66，属矿物中六方晶系，常呈六角柱产出，它多产于伟晶岩脉的晶洞中。

紫晶以它美丽的颜色、清澈透明的本质赢得人们的普遍欢心，用紫晶镶嵌各种首饰（图 7-14），可以说是价廉物美。在选择紫晶首饰时，紫晶一定要"色如葡萄、晶莹剔透"，换句话说就是要：颜色鲜、坑子亮，如果颜色昏暗且坑子闷则是紫晶的中下品。

图 7-13 紫晶　　　　　　图 7-14 紫晶手链

第三节　何为玉

玉是什么？其实玉就是温润而有光泽的美石。在不同的情况下，"玉"的含意差别很大。狭义而言，玉专指"硬玉"和"和田玉"，硬玉即翡翠。翡翠实际上是一种碱性辉石矿物，它常呈隐晶状，致密状。具珍珠玻璃状光泽，硬度为 6～7，化学性质稳定，透明或微透明，颜色从翠绿到苹果绿到白红都有。和田玉是一种交织成毡状的透闪石、阳起石纤维状微晶集合体，呈墨碧到脂白到白色，还有黄、糖、青、青白等色。透明或半透明状，硬度为 6～7，质坚韧而不易压碎，琢磨呈现出灿烂的蜡状光泽，具有透明的晶莹感。

玉就广义而言，则包括许多用于工艺美术雕刻的矿物和岩石，如岫岩玉、独山玉、青田石……其实玉并不神秘，它只是一种特殊而美丽的矿物和岩石，其实质就是一种石头。

　　我们在山野里经常碰到一些非常美丽奇特的石头，有的具有各种各样的花纹，有鸟、兽、人物，还有形似雄狮、凤凰、老虎、仕女……这些石头不能称为玉，它有一个专用名词："奇石"，它虽不是玉，但有些比玉石的身价还高。玉石往往需经过精雕细琢后才更加显出它温润美丽的本质。"玉不琢不成器"，就是这个道理。

　　玉已成为中华民族文化的重要组成部分，成为人们的向往和追求。玉和中华民族的发展史有着极其亲密的关系，这一点从大量的史料中都可以得到证实。新疆玉石资源十分丰富，特别是闻名世界的和田玉开发利用已有 7000 多年的历史，和田玉文化对我国的政治、经济、军事、文化、社会各个方面都具有极为深刻的影响。"以玉比德"，可见玉已经成为人们学习的楷模和榜样！

第四节　玉石实例

1. 和田玉

　　产于于阗，属和田地区故称和田玉。和田玉石的化学成分是含水的钙镁硅酸盐，矿物组成以透闪石－阳起石矿物系列为主，并含有微量的透辉石、蛇纹石、石墨、磁铁等矿物质，具有典型的纤维交织结构；质地细腻温润、坚韧，硬度为 6～6.5，密度为 2.96～3.17，半透明至不透明，抛光后呈脂状光泽；颜色漂亮、纯正，有雪白、梨黄、墨黑、青绿等，晶莹滋润，多为单色，少数有杂色。

　　值得一提的是，现在不再理解为只是产在和田的玉龙喀什河和喀拉喀什河中的仔玉才能称为和田玉，也不是指产在昆仑山北坡（西从塔什库尔干东到若羌的昆仑山、阿尔金山的玉）才叫和田玉。和田玉现在是一个玉石名称，它指凡是由透闪石－阳起石矿物组成，呈毡状、纤维状、交织状结构的晶质集合体。

　　和田玉根据产出地段的不同分为山料、山流水、仔玉。

　　山料：山料又称山玉、宝盖玉，是指在原生矿床中开采出来的原生矿石。特点是尖棱尖角状，大小不一，良莠不齐，玉石表面粗糙，质量不如"山流水"。

　　山流水：指原生矿经过风化剥落、冰川推移，洪水搬运到河床上中游的玉石块，其特点是距玉石原生矿床近、块度大，棱角稍有磨圆，表面光滑，大致看上去比山料要好，但比仔料要差许多。

仔玉：指原生矿石被搬运到河床中、下游的玉石，因长期在河床被水搬运过程中，被河中各种卵石撞击、冲刷、磨蚀，多呈卵形，块度一般较小，表面光滑，质量较好，这种仔玉多分布在河床两侧的阶地或河床中下游处，有些地方在河漫滩上也能发现。仔玉比同类型的玉石价值高出许多倍，因为它质量高，较稀少（图7-15、图7-16）。

图7-15　和田仔玉（青花仔玉）　　　图7-16　和田仔玉（带糖皮）

从古至今，对和田玉的分类大致都是以颜色进行区分的，宋代张世南的《游宦纪闻》中就有："玉分五色之说。"目前新疆对和田玉的分类概括有：羊脂玉、白玉、青白玉、青玉、碧玉、墨玉、黄玉、糖玉等。

（1）羊脂玉：颜色呈羊脂白，可稍泛青、泛黄，质地致密如腻，柔和均匀，油脂—蜡状光泽，滋润光洁，状如羊脂，有时可见微量杂质，是和田玉之最上品（图7-17、图7-18）。

图7-17　羊脂玉　　　　　图7-18　羊脂玉观音

（2）白玉：以白色为主，偶见泛灰、泛黄、泛青、泛绿，柔和均匀，质地较致密，细腻滋润，可见细微绺、裂、杂质，油脂—蜡状光泽，仅次于羊脂玉（图7-19、图7-20）。

图 7-19　白玉　　　　　图 7-20　白玉瓶

（3）青白玉：其颜色介于白玉与青玉之间，是和田玉中最多的一种，它是以白青色为基础色，有灰绿色、青灰色、黄绿色等。较柔和均匀，油脂－蜡状光泽，质地致密，细腻，半透明状，坚韧，可见绺、裂、杂质等缺陷（图 7-21、图 7-22）。

图 7-21　青白玉　　　　　图 7-22　青白玉（仔玉）山子

（4）青玉：颜色由淡青至深青渐变，包含：虾青、竹叶青、杨柳青、碧青、灰青、青黄等色。一般以深青、竹叶青为基础色者最多。青玉是和田玉中最为普通的一种。一般质地细腻，滋润光洁，坚韧，油脂－蜡状光泽，偶见绺、裂、杂质（图 7-23、图 7-24）。

图 7-23　青玉　　　　　　　　　图 7-24　青玉佛珠

（5）碧玉：基础色为绿色，有青绿、暗绿、墨绿、绿黑。碧玉和青玉易混淆，应在强光下观察，青玉为青灰色，碧玉为深绿色。碧玉呈菠菜绿、鲜绿者为上品，绿中带灰者为下品，绿得越鲜亮越好，质地细腻，滋润光洁，油脂—蜡状光泽，常见绺、裂、杂质、黑色斑点（图 7-25）。

图 7-25　碧玉

（6）墨玉：墨玉有全墨、片墨、点墨之分。"黑如纯漆者为上品。"片墨（又称聚墨）、点墨如运用俏雕，其价值极高。通体漆黑者为全墨，偶显其他颜色如白色、黄色。聚墨多呈叶片状、云朵状分布在白玉或青白玉或者青玉的玉体中。点墨是呈星点状分布，影响玉质，如果墨点极细分布在白玉中，使玉体呈灰白色，许多学者称为"青花玉"（图 7-26）。

图 7-26　墨玉

（7）黄玉：浅—中等不同的黄色色调品种。"黄如蒸栗"者最佳。最常见的有米黄色、黄绿色，又可分为：栗黄、秋葵黄、蜜蜡黄、鸡蛋黄、桂花黄、鸡油黄，等等。滋润光洁，质地细腻，柔和均匀。黄玉属上品玉，古代曾有"黄、白为上"之说（图 7-27）。

图 7-27　黄玉

（8）糖玉：糖玉，顾名思义，像红糖颜色的玉。糖玉因受氧化铁、锰质浸染而呈红褐色、黄褐色等色调。如果糖色占整个玉体的 85％以上则称糖玉。如果糖色占 30％以上可参加命名，如糖白玉、糖青白玉等（图 7-28）。

图 7-28　糖玉

和田玉目前基本上可分为上述八类，但有些特殊情况也有个别的特殊命名，如青玉中有：翠青玉、烟青玉等。有时种类介于二者之间或混合在一起的，为避免争议可采用复合命名，如白玉—羊脂玉、青白玉—白玉等。

如何识别和田玉？

和田玉中的白色并不是雪白，而是白中常带有暗青或暗黄，但与青玉和黄玉的颜色又截然不同，这种白不刺眼，是一种柔和的润白。和田玉的光泽多为油脂状和蜡状光泽，看上去很滋润，而且玉质很细腻。

和田玉的硬度随颜色的不同，也略有不同：白玉为 6.7，青白玉为 6.6，青玉为 6.5。而和田玉的比重和硬度正好成反比，随着颜色的变青比重也越来越大：白玉为 2.962，青白玉为 2.976，碧玉为 3.006，这也说明含铁质越来越多则比重也越大。

和田玉通体透明者极为少见，通常看到的是半透明或不透明，在选择玉时，若遇到透明或半透明者需要谨慎。

2. 玛纳斯碧玉

玛纳斯碧玉因产在新疆玛纳斯一带而得名，这种玉颜色碧绿，质地细腻，滋润光洁，硬度大，是玉中的佼佼者。玛纳斯碧玉有着悠久的历史，远在清代就在玛纳斯南山一带进行采挖，并设有绿玉厂进行加工和管理。

玛纳斯碧玉与和田玉的矿物成分相同，只是两者的产出环境不一样。和田玉产在白云质大理岩与偏中性的花岗闪长岩接触带上，而玛纳斯碧玉则产在超基性岩体中。一些研究者认为它是超基性岩的复变质产物。玛纳斯碧玉以透闪石为主，量可达到 98%，透闪石呈杂乱状排列，并伴生一些铬尖晶石等其他矿物。

玛纳斯碧玉的分级（评价标准）大致是：青如蓝靛者为贵，黄绿参差者次之，绿中泛灰者再次之。样品显示最好的玛纳斯碧玉与翡翠也相差无几。据《夷门广牍》载："碧玉其色青如蓝靛者为上，或有细墨星者色淡者皆次之。"绝好的碧玉色如同翡翠，而易与翡翠相混。但其特点有黑点征兆，其质无翠花的特点即可区分。

玛纳斯碧玉以青色如蓝靛者为贵，有细墨呈淡色者次之，根据矿物成分研究，它与世界上著名的加拿大碧玉为同一类型玉石。

3. 玛瑙

玛瑙在我国古代就属于珍稀之物而被列入贡品，为朝廷专用。《拾遗记》中说："皇帝时有玛瑙瓮，尧时犹在，甘露在其中，盈而不竭。"在历史上有段时期我国的皇帝曾明令玛瑙不准百姓使用，曾设"玛瑙局"专门为制造御用珍玩供皇帝享用。

玛瑙实际上是一种胶体状的二氧化硅矿物集合体所组成的岩石。有的是以玉髓、蛋白石和石英层状出现。多生成在火山岩的孔洞中，因为形成玛瑙的二氧化硅溶液来源不同，所含的微量元素不同，因而显出五颜六色的条带状花纹，具有很高的欣赏价值。自然界千变万化，即使是同一种颜色的玛瑙，若仔细观察，它们之间的差别也很大。

玛瑙的品种繁多，我国自古以来就有"万种玛瑙千种玉"的说法。玛瑙有锦花者谓之花红玛瑙，有漆黑中一线白者谓之合子玛瑙，黑白相间者为截子玛瑙，有红白杂色如丝相间者谓之缠丝玛瑙，有紫红色者谓之酱斑玛瑙。

值得一提的是，玛瑙中水者即水胆玛瑙，用手摇一摇，贴在耳朵上听一听，会听见"咕咚咕咚"的水响声。眼玛瑙石是一种奇珍异宝，其质地洁白，有多层纹带组成的"人眼"状的构造，像指头尖一样大小的玛瑙上如有三个"眼"即为珍品，若有七个"眼"则价值连城。

玛瑙质细而透明，致密而坚硬，颜色瑰丽者列入宝石之列，如红玛瑙、蓝玛瑙等。而一般玛瑙则列入玉石。玛瑙属玉石，《广雅》中就有"玛瑙次玉"的说法。玛瑙在玉石中的地位仅次于和田玉。（参见图1-35、图1-36）

4. 昆仑玉

我国历史文献上多次提到"昆仑产玉"，这里提到的昆仑玉是指和田玉（软玉）。本书中涉及的昆仑玉是和岫岩玉同类的玉石，因产在昆仑山而得名。

昆仑玉以淡绿色为主，并伴有深绿、墨绿、浅黄、白等颜色，结构致密、质地纯正、晶莹艳丽，呈玻璃光泽、油脂光泽、蜡状光泽、丝绢光泽。呈透明和半透明状，硬度为4～5，比重大约为2.60，韧性小，断口呈参差状。显微镜下观察昆仑玉呈显微鳞片变晶结构，以纤维状蛇纹石为主并含有少量的绿泥石和磁铁矿。

昆仑玉与和田玉最大的区别是：昆仑玉的硬度低，质地欠滋润。从本质上看，和田玉是由透闪石－阳起石组成，而昆仑玉则是蛇纹石的集合体。但是昆仑玉多与和田玉相伴而生，也有玉和和田玉呈逐渐过渡的，也有呈单独脉状出现的。

昆仑玉硬度低，易加工成各种工艺品，市场上手镯、玉佩多半是由昆仑玉雕刻而成，它的价值也远低于和田玉的工艺品，可以说是物美价廉，受到人们的喜爱。参见图1-27。

5. 翡翠

翡翠集中表现了东方文化审美的情趣。翡翠往往会使人们产生一种独特美的享受，人们称赞这种翠绿色的玉石是生命，是青春，是草原，是大自然的象征。一块小小的翡翠代表着一个绿色的世界，一首绿色的诗，一支绿色的歌！人们称翡翠为"绿色之王"。翡翠价值很高，它虽属玉石之列，身价却常常超过一些高级宝石。

实际上翡翠在矿物学上叫作硬玉，它是碱性辉石的一种，化学成分是硅酸铝纳，因为所含杂质的种类和数量不同，尤其受微量元素铁和铬的影响，翡翠的颜色可以说是千差万别，有绿、红、黄、白、灰、黑等，其中以娇嫩艳美的绿色为最贵。翡翠的硬度为6.5～7，比重为3.3，表面为油脂和玻璃状光泽，因为它是由细晶或隐晶状矿物集合体组成，表现得非常坚韧，不易碎裂。

翡翠的价值除色美之外，质美也占据着非常重要的位置，我国一般将翡翠的材质称为"种"，缅甸则称为"水"，水色越好，质地越晶莹，种好色美者为佳品。翡翠中各种绿色统称为"翠"，翠的颜色好坏也决定着翡翠的身价和命运，一般认为：翡翠当中的翠以雨后阳光下的冬青树的嫩叶绿为最佳（图7-29）。

图7-29 翡翠

第五节　玉石文化对中国社会的影响

　　中华文明的主要特征之一就是玉器。玉文化是中华文化的重要组成部分，这是区别于世界上其他文明的一个重要标志。中国玉器历史之久，延续时间之长，分布之广，做工之精，器形之多，影响之深，是世界上任何国家和地区的玉器所不能比的。

　　在这片古老的中华大地上，人们给玉戴上了各种"桂冠"，佩玉以求辟邪、除凶，食玉以求长生不老，穿玉衣以求永垂不朽；为求吉祥用玉祭祀。战国时期伟大诗人屈原曾写有："登昆仑兮食玉瑛，与天地兮齐寿，与日月兮齐光。"诗人对昆仑山崇敬无比，他留下了"登昆仑兮四望，心飞扬兮浩荡"的千古名句。

　　从古至今玉石发展大致可分为以下七个阶段。

　　（1）原始社会的美石期，约公元前 6000 年以前。

　　（2）新石器时期玉石的神秘时期，神秘化、神圣化、神灵化，约公元前 4000 年。由对玉的欣赏发展到对玉的神秘化、神圣化，用玉制作成各种祭器、鸟、兽、鱼、龙、猪等，巫觋们只要有件玉器在身边，就可以与"神"对话，玉已成为"神与人"的沟通之物，玉璧祭天、玉琮祭地，"玉亦是神物也"。从这时玉的"神灵化"思想已扎根到人们的心中。

　　（3）奴隶社会时期：玉进一步等级化、礼仪化，成为等级制度的重要礼器之一，在夏、商时代出土了大量的戈、圭、璋、斧、刀、玦等玉件就是佐证。约公元前 4000 年～公元前 1000 年。

　　这时的玉已是物质、社会、精神三合一的独特的思想意识，是我们中华民族的思想建树，是世界上没有先例的。

　　在政治方面，玉作为权力的象征、身份的标记、财富的体现，《周礼》中规定："君王以玉召见公侯大臣，公侯大臣以玉事君王。"不同的官位用玉的服饰、佩饰、印玺等等都有严格的规定，以显示人们的身份。《礼记》中有这样的记载：天子佩白玉，公侯佩玄玉（黑色），大夫佩水苍玉（青玉），世祖佩瑜玉（有瑕之玉）。

　　（4）封建社会：儒家赋予玉石许多美德，"君子必佩玉"，玉已成为人格化、道德化的楷模，约公元前 1000 年前。

　　玉有五德，东汉学者许慎提出《说文解字》中，总结了前人的玉德说，提出了玉有仁、义、智、勇、洁五德之说："玉，石之美者有五德。润泽以温，仁之方也；鳃理自外，可以知中，义之方也；其声舒扬，声以远闻，智之方也；不挠而折，勇之方也；锐廉而不忮，洁之方也。"

　　这五德之说概括了玉的质感、质地、透明度、韧度、音响等物理性质。五德中最重要的是"仁"。"润泽以温"指的是细腻滋润，光洁晶莹，四个字就把当今和田玉的物理性质全盘托出了。

　　在这一时期，玉赋予哲学思想而道德化，阴阳思想而宗教化，以爵位等级而政治化。这一切为人们爱玉、崇玉、尊玉、敬玉提供了精神支柱，形成了几千年来的历史、文化中对玉的爱好，形成了中华民族玉文化的特征。

　　玉有着丰富的精神内容，象征着高贵、纯洁、友谊、吉祥、和平、美丽、幸福等等。玉是宝，宝也是玉，宝和玉是同义语，玉无价，玉是国家之宝、皇室之珍、连城之璧、皇帝之玺，都离不开玉。玉是尊贵、权势、威严的象征，"化干戈为玉帛"也是和平的象征。

　　中国已把玉作为辟邪的护身符，是幸福向往的象征物，是理想愿望的追求物，是爱与敬的信物，是尊与诚的显示……

　　(5) 玉文化的新旧交替期：公元前 500 年～公元 6 世纪。丧葬用玉进一步发展，金缕玉衣，河北满城中山玉金缕玉衣用玉 2498 片，金线 1100 克，徐州出土的金缕玉衣、银缕玉衣、铜缕玉衣、玉圭、玉璋、玉璜、玉琮、玉璧、玉带钩、玉枕、玉章、玉玺、玉高脚杯等。艺术品有龙、凤、虎、马、如意等，不但用玉制衣，而且食玉成风，以求尸体不朽，长生不老，因此屈原写有"登昆仑兮食玉瑛，与天地兮齐寿，与日月兮齐光"的千古名句。当时把和田玉当成长生不老药，流传于社会。

　　(6) 玉文化发展的新时期：公元 7 世纪～19 世纪，即唐、宋、元、明、清时期，玉实用化、世俗化增多，艺术更加精美。

　　如明代陆子冈做的各种玉器，可以说达到空前的精美，到今天不少玉雕大师仍然仿照"子冈"牌做工，当时的人们对陆制作玉器的技术评价非常之高，评价他的艺术"前无古人，后无来者"。

　　清代对和田玉的开发利用已达到相当高的水平，人们不惜花大力气在昆仑山采玉，在和田玉龙喀什河中捞玉，而且雕琢许多国家级的和田玉工艺品。如《大禹治水图》山子，重达 3550 公斤，高 224 厘米，宽 96 厘米，群峰峻岭，瀑布涌泉，苍松翠柏，悬崖峭壁，成群的开山凿渠人，干着不同的工作，再现了当年大禹治水的宏伟场面，乾隆还为此山子题诗一首，可以说它是我国的国宝。

（7）现在玉器进入了全盛繁荣期：改革开放后和田玉进入了飞速发展期，过去只有帝王将相、士大夫观赏的玉器今天已进入普通百姓家。所以不论普及性、实用性、观赏性、珍藏性、艺术性、仿古性、现代性等等都达到了空前的繁荣。

现代《大千佛国图》是 20 世纪 50 年代后雕刻的最大一件和田白玉山子，重达 472 公斤，高 80 厘米，宽 80 厘米，厚 45 厘米，8 名玉雕大师用 4 年时间精心雕琢，于 1990 年完工，玉山子雕有 83 尊僧、佛、菩萨，并有佛寺、庙宇、凉亭、苍松翠柏、奇花异草、飞流瀑布、曲径通幽点缀，1990 年 7 月 5 日召开了鉴定大会，受到玉界高度赞扬！

用玛纳斯碧玉雕琢的《妙聚他山》（又名聚珍图）是扬州玉雕建厂以来最大一件工艺品，重 750 公斤，高 120 厘米，宽 87 厘米，它融汇了乐山大佛、云岗大佛、龙门大佛和大足大佛于一体，构图雄伟，气魄宏大，是一件国宝，也是现代玉雕艺术的体现。

玉文化随着时代的发展进步，也有不同的内涵。例如蝉，在西周古墓中就有出现，当时的寓意是，蝉是高风亮节，风餐露宿，并且可以死而复生，所以在一些玉器上出现了一些蝉的图案。

到了宋、元以后，蝉又被赋予了"一鸣惊人"的寓意，这与当时的赶考制度"十年苦读书不离，脱去灰衣换紫衣"有关。

到了今天，市场上也多出现蝉，一方面表示生意发财，金钱"缠"身，另一方面也有考试得中之意。

在佛教界也有六道轮回，死而复生，今生是蛹，来世可以高占枝头，这辈子受苦，多做善事，下一辈子定能高居天堂！

总之，玉器文化发展经历了：①美石化；②神秘化、神圣化；③礼仪化、等级化；④人格化、道德化；⑤两汉时期，葬玉、食玉、神化盛行；⑥隋唐以后以玉石神思想继续存在，玉已走向实用化、世俗化，一直延续到封建王朝的结束；⑦玉进入全盛繁荣期是 20 世纪 60 年代至今。

由此可见，玉已成为中华民族文化的重要组成部分，影响着中华民族的发展，成为人们生活中的向往和追求。

第八章　新疆常见的奇石

第一节　什么是奇石

　　奇石主要是指自然天成，不经任何人工加工的一种奇、巧、怪、美的石头，它是大自然的杰作。奇石就其产出环境而言，主要是指能够采集、搬运、陈设、收藏的野外景观石头，可以包括有"根"的山石和无"根"的江、河、湖、海、冰川的卵石和携带石，其特点是体积小，不仅可以观赏立体造型，还可以观赏到精彩的图纹和美丽的颜色和它的神韵，奇石实质上也是一种奇特的矿物和岩石。

　　奇石之奇在于神雕，鬼斧神工，世间独有。奇石在于发现，玩石者要有渊博的知识，独具慧眼。

　　奇石又称雅石、赏石、玩石、圣石、水石、寿石、供石、怪石、案石、几石、巧石、丑石、趣石、珍石、异石、孤赏石等等。

　　奇石之奇指的是怪异，雅石之雅指的是别致，赏石之赏指的是观看，玩石则之玩指的是把玩，圣石之圣指的是尊崇，水石之水指的是形成，寿石之寿指的是长久，供石之供指的是摆放。

　　若都叫奇石则分不开档次，都叫赏石则分不开石的是与非，都叫玩石则分不开大小，都叫圣石则分不开尊卑，都叫水石则分不出山石，都叫寿石则分不开长短。

第二节　奇石古今谈

　　人类进入现代文明的今天，一种返璞归真、回归自然的心态促使着人们去寻找最原始的艺术品——奇石，以寄托人们的情思。

　　一块奇石就是一首诗、一幅画、一首歌、一篇散文，只要你用心去读、去看、去欣赏，每块奇石都有极其深邃的内涵。中国从古至今数不清的文人雅士、达官贵人、平民百姓对奇石有着执着的爱，甚至达到痴迷的程度。

在南京北的阴阳营发现，远在 5000 多年前的石器时代墓葬品中有一种产在南京的雨花石放在死者的口中，这虽然和当时当地的习俗有关，但可以看出那时人们已开始了对奇石的利用。

晋代的郭璞，把山东泰山所产的奇石列为贡品。唐代位居相位的牛增孺就是一位奇石爱好者，他珍藏了许多奇石，对这些奇石达到了"待之如宾友，视之台贤哲，重之如金玉，爱之如儿孙"的程度。

宋代文豪苏东坡，贬居黄州，常泛舟中流，并在赤壁拣石子 270 多粒，自赏自适，玩味无穷。

被尊为奇石师祖的陶渊明，因珍藏一块"醒石"而闻名。唐代诗圣杜甫，因藏奇石"小祝融"闻名于世。

就现代而言：著名画家张大千，很喜爱奇石，在他的"摩耶精舍"内和庭院中有从各国收集来的奇石。有名的"梅丘"就是他的朋友从美国运到台湾的，他在生前题诗："独自成千古，悠然寄一丘"。著名的历史学家、文学家郭沫若一生收集珍藏许多奇石，他收藏的一个孔雀奇石，造型独特，色彩鲜艳，令人赞不绝口。一代伟人周恩来与邓颖超，在南京与美蒋谈判期间，常到雨花台吊唁烈士，总忘不了拾一些雨花石欣赏。赞美雨花石"宁静、明朗、无我"的风格。

奇石美于外而秀于内，只要精心仔细观赏它，就可使你处于安适、宁静、修身养性、情致高远的境界！

欣赏奇石是一种对大自然艺术美的享受。自然艺术的魅力是无穷的，奇石在细心观赏、仔细品味中已成为高尚的艺术品。奇石艺术有着深邃的内涵和哲理，它可以因人的文化不同而有着不同的理解和品味。

第三节　奇石的分类

新疆地域辽阔，占我国国土面积的六分之一，有号称"万山之祖"的帕米尔，巍巍壮观的昆仑山，高入云霄的天山，挺拔俊秀的阿尔泰山，荒无人迹的野生动物乐园阿尔金山。在这片神秘的大地上地层齐全、构造复杂、岩浆侵入频繁，各类岩石、矿物应有尽有，新疆有"岩石和矿物宝库"的美称。齐全的地层、岩石和矿物，特殊的自然环境为各类奇石的形成创造了十分有利的条件。新疆奇石品种之多、类型之全是其他地区少有的。因为新疆对奇石开发利用较晚，有许多价值很高的奇石尚未被人们发现，有许多奇石尚待人们去认识开发。

新疆对奇石的开发利用尚须做许多工作，对新疆奇石的研究需人们深入探讨、琢磨。新疆地矿研究所高级工程师宋建中同志根据其长期对新疆岩石的勘探和研究，以及参考国内一些地区和著名观赏石家（奇石家）的论著，最早提出了新疆奇石的分类，为广大的奇石爱好者及收藏者提供了可靠的参考依据。

1.　形象石类

形象石以形为特征，求其形，品其貌。

新疆的形象石大多石质细腻均匀，如石灰岩、白云岩、硅质岩、火山岩、和田玉等等。这些岩石受到长期的地质作用如：风蚀、淋滤、冰川磨蚀、河水搬运等，形成各式各样的奇特石体，有些像动物中的姣龙、猛狮、凶狗、顺猫、贼鼠、玉兔等；又有些如窈窕淑女、刚劲男子、驼背老人、顽皮孩童等；还有些似亭台楼阁、群山大川、石窟洞穴等。生动的形象给人以无限遐想、美的享受、精神的愉悦。它能令人如痴如醉，使人置于美妙的境地。形象石的美在于自然形成，给人以神秘美妙之感。

南疆地区库车一带的盐钟乳，主要分布在盐溶洞中，是新疆奇石族中的新品种，是其他地方所罕见的，在库车县一带有许多盐丘，有一些盐丘下面形成一些溶洞，洞中往往形成各种形象的盐钟乳，晶莹剔透，在彩色灯光照射下散射出彩虹般的光芒，令人十分喜爱。在干旱地区盐钟乳能比较长久地保存，新疆地质矿产陈列馆中的盐钟乳已存放近 20 年，依然美不胜收，吸引着一批批的参观者。

分布在北疆赛里木湖和新藏公路上甜水海一带的芦苇石是奇石品种中的新秀，它原是一种植物，后被钙质交代，还保持着原始的芦苇状形态，因形状奇特，不少奇石爱好者采之用于制作盆景，别有一番情趣！

英石类形象石，这种奇石因产于广东英德而得名，也有称之为英德石的。这类岩石多以石灰岩、白云岩为主，风化后形成奇特的形状，体态嶙峋，棱角纵横，纹理细腻，线条曲折多变，它是新疆形象石中的佼佼者。安徽的灵璧石、江苏的太湖石等均属此类。新疆的英石类奇石分布很广，在奇台县将军戈壁，哈密市的大南湖一带均有广泛分布，开发前景十分广阔。

　　形象石在新疆品种极多，如柴达木的盐花（图 8-1）、哈密地区的风砺石（图 8-2、图 8-3）、被风吹蚀得千百个孔洞的火山岩和各种形象奇石；在特殊条件下形成的沙漠漆类岩石，岩石在高温条件下形成一层黑色或红色薄膜，似涂了一层油漆一样美丽，有待开发利用；还有菊花石，阿尔泰山的锂蓝闪石菊花石较为著名，在绢云母石英片岩中，锂蓝闪石组成的"菊花"最大密度可达 1300 朵/平方米，很值得开发。

图 8-1　柴达木盐花　　　　　图 8-2　风砺玉

图 8-3　风砺石（花岗闪长岩）

　　2. 图案石类

　　图案石是在岩石上分布有清晰、美丽的各种图案而显得十分珍贵（图 8-4～图 8-7）。一般来说，其图案分两种，一类是岩石本身具有花纹图案，经工业方式加工出来的图案石，如大理石板材上的图案；而另一类则是在河滩中拣取的卵石图案石，是纯天然形成，不经任何人工加工琢磨的奇石，后一种图案石倍受藏石家的珍爱。

　　图案石类的形成是由多种因素促成，有的由不同矿物的不同排列所致，也有的因受地质作用的不同影响而形成不同的花纹图案。

　　在奇石馆中，可以看到各类图案的奇石，它们个个图案逼真，线条清晰流畅，似国画、似油画，让人忍不住惊叹大自然的鬼斧神工。这些天赐的瑰宝、奇石给人以精神的享受，站在它跟前好像真的站在了波澜壮阔的大海边，翻滚的浪花扑面而来；似大漠中的胡杨顶风抗寒，在严酷的环境中"保卫"着人类的家园，让参观者无不对它肃然起敬。

新疆大河中，鹅卵石非常丰富，它们来自各种不同的岩石类型，经过几万年流水的冲刷，卵石间互相撞击摩擦，个个表面光滑如镜，有很多显示出不同的花纹。1999年，地矿研究所人员在和田市玉龙喀什河考察期间就曾拣到一卵石上清晰地显示出大熊猫的画面，十分惹人喜爱。在新疆举办的首届奇石展会上分别展示了来自玛纳河、额尔齐斯河、乌伦古河中的图案奇石，显示着在新疆有着极其丰富的图案奇石资源。

图 8-4　奇石 1

图 8-5　奇石 2

图 8-6　奇石 3

图 8-7　奇石 4

3. 矿物晶体

因不同的地质作用，形成不同化学成分的各种矿物晶体，几何美与艺术美的完美结合给人以神秘感。各种不同的矿物晶体所呈现出的不同色彩、不同光泽、不同形态均表现出自然界的奥秘与神奇，它给人们以学习科学、追求科学的兴趣与毅力！不论是东方人或西方人对矿物晶体都有着非常浓厚的兴趣。

　　号称"矿物晶体宝库"的新疆有许多种类的矿物晶体值得珍藏。

　　电气石晶体，呈三方柱或六方柱状聚形晶体，可呈现出各种艳丽的色彩，如粉红、翠绿、湛蓝、靛青、杏黄等（图8-8）。还有一些串色电气石，上红下绿，中间呈过渡状，也有外表呈翠绿，内部呈粉红色的当地人叫作"西瓜碧玺"等。只是在颜色上电气石晶体就给人以最好的美的享受。电气石也称碧玺，它是新疆的优势矿产，有大量的市场交易。在20世纪前我国的大部分彩色电气石（碧玺）都是新疆所产。

图8-8　黑电气石

　　绿柱石晶体，呈六方柱状，柱面往往有横纹，绿柱石呈现出多种颜色，有酒黄、浅蓝、深蓝、黄色等（图8-9）。晶体透明，特别是海蓝色（又称海蓝宝石）更令人喜爱，是勇敢聪明的象征，又是三月诞生石，它表示秀丽、清新、宁静。新疆年轻的姑娘或小伙往往戴上一枚海蓝宝戒指或珍藏一块海蓝宝石来彰显自己的身份。

图8-9　绿柱石

　　云母，虽然常见，但是大者极少，它的晶体呈假六方形柱状，新疆阿尔泰山中伟晶岩（图8-10）的云母面积有近一平方米者，颜色有无色、金黄、棕黑、淡绿色等，平面如镜，透如玻璃，从古至今有一些新疆居民以云母镶在窗上当作玻璃用，确实具有地方"风味"！

　　红色剔透的石榴石，翠绿色的翠榴石，茶色或无色的水晶体和水晶晶簇、绿色的磷灰石晶体、锂辉石、巨大的透明石膏晶体、长石晶簇等，在其他地方相当稀有，但在新疆却是很普遍的矿物晶体，很值得开发利用。

图 8-10　伟晶岩（含石榴石）

4. 化石类

化石是指各个地质时代埋藏于地下的动物或植物，在地层成岩过程中，这些动植物被矿物所交代，但仍保持其原形的生物遗体（图 8-11、图 8-12）。

因为新疆地层齐全，基本上各个地质时代的化石均可见到，特别是如珊瑚、腕足类、三叶虫、鱼、两栖类、哺乳类和植物化石均有产出。有一些稀奇的化石群则成为新疆一大景观，在新疆南部的乌什县城中就屹立着一座燕子山，山上有许多腕足类化石，贝壳化石形如飞燕，人称燕子山，游人众多，以采集化石为趣，成为该地一盛景，吸引着众多的观光客。

新疆奇台县将军大戈壁中有恐龙沟，这里在 20 世纪 80 年代初曾挖掘出两条长度列为世界第一、第三的蜥脚类恐龙化石，30 年代因在这一地区采集到水龙兽和加斯玛口龙而世界闻名。以产头足类、腕足类、珊瑚类化石著称的东准噶尔钱滩，是因为海百合茎化石风化后成碎片形似钱币，广泛分布于这一地区，当地人们称之为"石钱滩"，现已成为旅游胜地。

新疆的硅化木世界闻名。硅化木（图 8-13）是硅质交代埋藏于地下的树木而成，保持树木的形状，年轮清晰，枝杈分明，质地致密坚硬，属生物岩类，也有把它列入化石之列的。新疆广泛分布，特别在东准噶尔盆地更为集中，粗略统计在不足 1 平方公里范围内，直径 80 厘米以上长 2～3 米的硅化木就达近 2000 棵，当地人称它为石树林，远望是一片树林，近看才知是一片石头树，在 20 世纪 80 年代末这里已列入新疆自然保护区，派有专人看管。

新疆除广泛分布硅化木外，在一些地方还可看到铁化木（被铁质交代）、钙化木（被钙质交代），这些都是化石中的珍品。

图 8-11　化石 1　　　　　　　图 8-12　化石 2

图 8-13　硅化木

5．其他奇石类

构造石：各种地质构造在岩石上显示，如：小背斜、向斜、褶皱、断层、冰川擦痕等，如果能采集齐全，也是别有情趣的。

假化石：又称模树石，在岩石表面有氧化锰薄膜而呈树枝状。这类奇石在新疆比较多见，以砂岩、石灰岩中为最佳，有些图案非常美丽，具有一定的收藏价值。

彩石类：包括鲜红的羊肝石、翠绿色的玛纳斯碧玉仔、各种色调的和田玉仔玉、河床中色彩鲜艳的五彩石等等，彩石以它美丽的外形，艳丽的色彩，吸引着很多奇石爱好者，这类奇石等待着人们开发利用。

陨石类：现在新疆展览馆展出的新疆铁陨石，是世界上第三大陨石，重约 30 吨，长 2.42 米，宽 1.85 米，高 1.37 米，是件珍贵之石，吸引着中外游客前来参观，都以能目睹这个"天外来客"为荣。它于1989 年在新疆青河县银牛沟被人发现，何时降落却无从考究，1917 年被载入文献，当地人称"银骆驼"。它含 8 种矿物，其中 6 种为地球上所没有的宇宙矿物。

主要参考文献

吴树仁，王曙. 1981. 地质词典（二）——矿物. 岩石. 地球化学分册[M]. 北京：地质出版社.

汪正然. 1965. 矿物学[M]. 上海：上海科技出版社.

陈炳文，宋建中. 1989. 新疆火山岩图册[M]. 乌鲁木齐：新疆人民出版社.

宋建中. 1997. 宝石与玉石知识趣谈[M]. 乌鲁木齐：新疆大学出版社.

宋建中. 2011. 新疆和田玉百问[M]. 乌鲁木齐：新疆美术摄影出版社.

白文贤. 2008. 宝地探秘[M]. 乌鲁木齐：新疆科技出版社.

钟公佩. 2008. 观赏石[M]. 杭州：浙江大学出版社.

后　　记

本书较全面地介绍了矿物、岩石、玉石的成分、结构、分类、比重、颜色、硬度、断口等物理特性，图文并茂地介绍宝石、玉石和奇石文化，尤其是常见岩石的实例及鉴别方法，简易明晰，切合实际，又避免了有关矿物岩石书籍专业性太强，不利于广大教师和宝石、玉石爱好者理解石头文化和掌握鉴别技能等问题。本书以新疆矿产资源为基础，从身边矿物岩石入手选取典型实例，做到理论与实践相结合、生活与教学相辅助，便于广大读者理解和掌握。

本书适于高校、中小学教学和开展教研活动的需求，难易适中，为广大教师开展教学、科研工作提供参考；对于岩石、玉石爱好及收藏者，也可以快速、便捷地掌握常见矿物岩石、玉石的分类及鉴别方法。

本书由新疆教育学院蔡万玲教授负责拟定撰写提纲，周利飞、董志芳、刘成名、穆楠、蒋莉、曹相东、蒋琦、哈力瓦尔·托乎提、杨琴玉、陈保华、史军参加编写，全书由蔡万玲教授负责统稿、修改和定稿。

新疆地矿研究所高级工程师、珠宝玉石鉴定专家宋建中老师作为技术顾问，在本书撰写过程中提出了有价值的建议，也为本书提供了许多自己的研究成果，在此对宋建中老师的支持和帮助表示衷心的感谢。

本书经过长期的调研，并结合反馈信息进行多次修改，但由于这是一本创新地将岩石专业知识与科学教育教学与研究相结合的书籍，加上编者水平有限，书中难免存在错误和遗漏，希望广大读者在使用过程中提出宝贵意见，以便修改，使其更加完善。

编　者

2016 年 3 月 8 日